芬妮·辛格 FANNY SINGER

愛莉絲·華特斯 Alice Waters ——— 引言

張馨方 ——— 譯

Always Home

家的永恆滋味

食物與愛的美味實踐
慢食教母給女兒的人生 MENU

A DAUGHTER'S
RECIPES & STORIES

目錄

引言

愛莉絲·華特斯（Alice Waters）

　　做父母的肯定很少有機會能為愛女的自傳作序，而對我來說，這件事尤其不尋常，因為書中到處都有我的影子。但從另一個角度想：有誰比我更了解芬妮？而又有誰比她更了解我呢？

　　芬妮一向從敏銳且同理的角度觀察人性，對大自然也是如此。書中的許多內容都是稍縱即逝的深刻瞬間，但她卻能以如此細膩與真摯的筆觸生動描述：後院紅杉樹新長出的枝芽綻放奇幻的色彩；鍋爐中烹煮的水果散發陣陣「琥珀色的氣味」；帕妮絲之家*（Chez Panisse）廚房裡披薩麵糰發酵的油味；普羅旺斯的暑氣與蟬鳴將「聲音與高溫譜成完美交織的奏鳴曲，那樣的旋律滲透了每一寸肌膚，讓人沉浸於在自然天地之中」。芬妮善用強而有力的感官語言，這是一種不可思議、近乎通感的天賦，她能細緻入微地描述周遭萬物的形體、聲響、氣味與紋理，讓人感覺身歷其境。

---

* 愛莉絲·華特斯在加州柏克萊開設的餐廳。

　　芬妮還擁有很棒的幽默感。她總能在你正經八百的時候冷不防逗你笑。我就是經常遭殃的那一個！沒有人能像芬妮那樣讓我開懷大笑，而她對荒謬之事的深刻洞察，總是敦促所有人──尤其是我──保持初心與約束自我。

　　我也好愛書中整理的那些食譜。它們在芬妮的童年與成年早期占據了重要地位，也是我鍾愛的料理──百煮不膩，是我們多年來從生命中遇到許多才華洋溢的大廚身上一點一滴蒐集而來。我很高興這些食譜在書中相遇，就像老友重逢一樣。請布莉姬‧拉孔柏（Brigitte Lacombe）這位傑出的攝影師參與本書，也是芬妮的主意。布莉姬的作品為這些故事與食譜增添了美麗的一面，而在此激發下結合的藝術與寫作，如實呈現了芬妮的面貌與特質。

　　這是專屬於芬妮的故事，獨一無二，也是我們家與帕妮絲之家所有成員──帕尼絲大家庭（La Famille Panisse）──的故事。但我想，這本書同時也講述了真正食物的萬能力量──如何讓人們的心凝聚在一起，以及讓自我的滋養充盈生活與人際關係。最後，芬妮創作了一本關於食物與愛的書，情感深刻、趣味橫生，也喚起了許多回憶。當然，這話由我來說一點也不客觀，卻是不爭的事實。

致　我的母親

序言

　　對一個三十幾歲的人來說，寫自傳——如果本書文體屬於此類的話——是一件不尋常的事。但無論如何，用自傳來稱呼本書也不太正確；這涵蓋的範圍遠比接下來的內容來得全面，時序感或許也要強烈得多。本書集結了許多故事與回憶，其中一些具體詳細、一些偏向敘事，但不論主題是什麼或篇幅是長是短，它們的主角、它們存在的意義，都是我的母親。

　　從我有記憶以來，母親一直是「家喻戶曉」的人物，雖然我會知道這一點，不是因為她在媒體上的曝光度或走在街上被人認出的頻率（甚至是旅行途中偶爾遇到民眾索取簽名），而是她有辦法隨時向一位難求的頂級餐廳弄到一桌位子。從各方面來說，她其實沒那麼出名，當然在美食界的核心圈子以外也是如此。這種狀態在過去二十多年來當然有所改變：她成為傳記的主角、線上學習平台的講師、數百篇文章談論的對象與多個電視節目的來賓；還獲得多個榮譽博士學位與獎項，包含前總統歐巴馬（Obama）授予的國家人文基金會（National Endowment for the Humanities, NEH）獎章（她是第一位獲得此殊榮的廚師）、不計

其數的肯定（獎座的數量遠遠超過我在漫長的足球生涯中拿過的獎牌）及數個爵士頭銜（法國與義大利）等。她的名氣還沒有大到會在公開場合吸引群眾包圍或狗仔隊跟拍，但她深受世界各地許多民眾的喜愛。

不論在哪個國家，她之所以聲名遠播，其中一個原因在於無私的胸懷。也就是說，她會受到大家喜愛，並不是因為像演員那樣在傑出作品中呈現精湛表演，而是毫不掩飾展現真實自我。她的決心是如此強大，以致對於道德的堅持也成為她享有盛譽的主要原因之一。這無疑是最棒的名聲：除了因為你的作為而崇拜你的那些人（以及偶爾出現、加入那一小群反主流者的詆毀者）之外，其他人都不知道你這號人物。

然而，我會寫這本書，不是因為母親名氣響亮。應該是說，儘管她如此有名，我還是想寫。雖然她的公眾形象與私底下的面貌差不多，但她仍有一部分私密的自我（屬於家庭的自我）不為人知，而我希望透過書中的內容，讓大家對她有更廣泛、更深入的認識。我沒有迂迴曲折的故事可說，但我擁有身為她唯一一個孩子的經歷。不久前的一次午餐尾聲，一位年長的同事對我說，「在我聽過的名人子女當中，你可能是唯一一個生活沒有過得亂七八糟的人。」

我與母親關係緊密的事實不證自明。就連這篇序言，我都是在她家房間的沙發上寫的，至今我依然將那裡當作自己的家，不論我在其他州與國家待了多久，那只衣櫃裡擺放的鞋子和衣服，

始終比我從二〇〇一年離開加州後住過的任何公寓都還要多。我將本書取名為《家的永恆滋味》，不僅是因為字面上的意義（代表柏克萊的那個家，也就是我出生與長大的地方），也是因為不論我身在何方，只要與母親同在，就有家的**感覺**。書中有大量篇幅寫到，她會重新裝修租來的房子，利用花卉妝點臨時住所並換上比較省電、光線較柔和的燈泡，或者純粹點燃迷迭香，讓芬芳氣味瀰漫整個空間。她有一種本事，能每一個地方變得熟悉而溫暖。

　　就許多方面而言，兒時從她身上學到的行為舉止，形塑了我在脫離從小習慣的這樣一個身影之後的獨立生活。插花時，我會感覺母親彷彿站在身後，想像她反對我搭配什麼顏色，或是建議我廚房裡不要擺香味過重的植物，而我會當作沒聽到一樣（或者有時為了跟她唱反調而偏偏那麼做）。同樣地，離家很長一段時間後，我會下意識地動手燉雞湯，點一枝迷迭香或月桂讓家裡充滿香氣。我總在裊裊炊煙中覺察自己與母親之間的連結──不論是否像此時此刻描寫的這樣明確。這些舉動不只是為了讓自己感覺她就在身旁，更是因為這些行為、這些調適一向能讓生活變得更加美好，就如同對於許多從她身上獲益良多的顧客或朋友那樣。

　　在英格蘭求學時，我從熱愛古典主義的一位男友那兒學到「nostos」（意為「歸返」、「回歸」）一詞。這個字源自古希臘文，指稱古代文學中的一個主題，描述人在結束漫長而艱難的旅程後返家的經歷。荷馬所作的《奧德賽》無疑是這類敘事最富

盛名的一部，但在故事中「nostos」指的不只是實際上的回家，
更在於主角奧德修斯（Odysseus）一路上念念不忘的家的感覺。
家，可說是奧德修斯自我意識的核心。說來不誇張，在認識這個
希臘詞彙之前，我就經常有這種感覺。儘管自己的歸返經歷中不
存在任何不凡的旅程，但我的心境就如同荷馬筆下的人物：家的
感覺——以及我與母親的緊密關係——既指引了我的靈魂，也帶
來慰藉。

　　但這並不表示，我覺得沒有必要去外頭闖盪以尋找自我，尋
找一個我必須離開母親的那把大傘才能實現的自我。我經常形容
她有一種磁場，那是結合了各種特質而成的產物，包含魅力、信
念，還有一點自戀。她相信自己知道什麼對她深愛的所有人最
好，她並不害怕宣示自己的信念，雖然它們經常沒頭沒尾、甚至
研究不足。她通常是對的，但那股壓力讓人喘不過氣。倘若我沒
有離家十七年多（其中有將近十年都在英格蘭度過），我不覺得
我會想再回到家裡。當然了，如果沒有這麼做，我也就沒有機會
帶著完成這樣一本書所需的愛與同理心，去看待這個複雜難解、
在極大程度上幫助我認識自己的女人。

　　你可能會注意到，我在書中鮮少提到父親，也就是史蒂芬．
辛格（Stephen Singer），但事實上我年少時他一直陪伴在旁——
我過完十三歲生日不久，父母就離異了。儘管母親是支配我的童
年、帶給我壓迫感的力量，但近幾年父親一直是指引與影響我的
重要支柱。如果不是他旺盛的求知欲，我一定不會攻讀研究所或

者有勇氣離家生活。然而，本書與我的父親或我的生活無關，而是獻給一個女人的頌歌，她從我誕生的那一刻起就深愛著我，即使在事業上取得了巔峰成就，依然在我每次生日時偷偷遞上一張紙條，寫著「你是我生命中最美好的存在」。

鮑伯（附註說明）

由於本書採非線性與非敘事文體，因此偶爾會有對我個人至關重要的角色出現、但沒有太多描述或完全不加以介紹的情況，鮑伯・卡勞（Bob Carrau）即為其中之一。雖然以文體而言，書中普遍對大部分的人物著墨不多的做法恰如其分，但如果在故事中提到了鮑伯卻草草帶過，我會良心不安。畢竟，鮑伯是我的再生父母。他讓我們家變成一齣九〇年代的荒唐情境喜劇，情節是，兩名年輕男子與一位性格荒唐古怪的老婦人共同扶養一個孩子〔儘管基於對法國電影的熱愛，我的母親可能認為這更像《夏日之戀》（*Jules et Jim*）〕*。我們出外旅遊，鮑伯幾乎都會同行，不論遠近，有段時間他甚至住在我家後院的小屋。他無怨無悔地當我的褓姆；陪我作畫一次就是好幾個小時（讓我了解「藝術」其實可以是任何事物）；幫助我成為一名作家。最難能可貴的也許

---

* 一九六二年上映的法國電影，由法蘭索瓦・楚浮（François Roland Truffaut）執導。

是，儘管這個家在我父母離婚後有了種種變化，他依舊不離不棄。如今，他與我的母親無比要好——不僅是她最親近的密友之一，也是她過去二十五年來在大部分的書案與演講中不可或缺的夥伴。

大約在一九八〇年，鮑伯與我父親在加州大學柏克萊分校的一門電影課中相識，兩人一見如故——父親比他年長一些〔那時已在舊金山藝術學院（San Francisco Art Institute）取得藝術學士學位〕，在評論與藝術理論方面擁有早熟的才能。他們花了許多時間欣賞藝術、吸大麻，還有談論音樂、繪畫與葡萄酒（這是他們對話中最重要的潤滑劑，我那愛酒成痴的父親開了一瓶又一瓶的好酒與友共飲）。我的父母結婚後，鮑伯非但沒有遭到排擠，反倒與我們家有了更深的連結，而我出生時，他成了名副其實的第三監護人。之後，母親去餐廳上班時，就把我留給鮑伯與父親一起照顧。他們兩人有時會喝得酩酊大醉、聽傳聲頭像（Talking Heads）*與布萊恩・伊諾（Brian Eno）的唱片，在後院一待就是好幾個小時，放任剛學會走路的我四處探索。這些時刻都被錄了起來，因為鮑伯在生活的大小瑣事之外，也不斷用鏡頭記錄一切。由於求學時曾接觸安迪・沃荷（Andy Warhol）獨樹一格的電影，其中一些冗長乏味，頗有虎頭蛇尾之感〔譬如《帝國》（Empire），片中有八小時又五分鐘都以慢動作的連續鏡頭拍攝

---

*　美國新浪樂團，一九七五年於紐約成立，一九九一年解散。

帝國大廈（Empire State Building），角度始終沒變過〕，因此鮑伯決定製作一系列名為《跟著芬妮的腳步走》（*Following Fanny*）的影片。這些影片利用一台巨大、全新且先進的八〇年代攝影機拍攝，以數小時的連續鏡頭記錄小時候的我搖搖晃晃地到處探索的畫面。即使這些片段幾乎沒有任何刺激的動作（或應該說根本沒有動作畫面），但它們證明了，這個不同於傳統的三人育兒組合花了多少心力關心我與照顧我，並且讓我的童年生活過得極其充實、富足，還有點離經叛道。

1
美是一種關懷的語言

我的母親會說很少人精通的一種美麗語言。事實上，只有她能把美麗這個詞彙用得讓人聽起來不像陳腔濫調（儘管我是藝術界的老鳥，而業界人士往往聽到**美麗**一詞就不禁皺眉）。一位慈善家與「可食校園計畫」（Edible Schoolyard Project）的長期支持者想到我的母親對柏克萊城市生活的特殊貢獻時對我說，她強調美麗在生命中至關重要的作為，應該受到讚揚。我相信在現代人眼裡，美麗是不必要、純粹與化妝有關的一件事，但母親看待——或應該說是實踐——美麗的方式，讓這個元素成為一套價值觀的核心，而她進一步將這套價值觀發展成教學法。「可食校園計畫」推動的第一座菜園〔位於柏克萊的馬丁路德金恩中學（Martin Luther King Jr. Middle School），有時我覺得它就像母親的第二個孩子〕，在某種意義上由美麗孕育而成，或者就此而言是環境所缺少的東西。在那之前，這所中學的校長得知我母親公開批評那塊空地雜草叢生、近乎荒廢（她曾不經意向地方報社的

記者如此表示）後來電商討，便促成了那塊面積約四十公畝的柏
油地的開發。

　　不到一年，「可食校園計畫」逐漸成形。一塊曾經布滿垃圾
的空地，搖身變為種植苜蓿、蠶豆與三葉草等覆蓋作物的菜田。
過沒多久，一座神奇的花園誕生了（最近一位朋友的五歲兒子跟
他說，那裡是他「全世界最愛的地方」），而學校也將種菜的活
動融入課程（生物課教土壤取樣、歷史課教如何替穀物脫粒等
等）。花園的後段區域是「廚房教室」（Kitchen Classroom），附
有烹飪設備，每個星期學生都可來此學習烹調與分享美食的基本
技巧，還有最能將心比心與才華洋溢的老師之一，才如其名的艾
絲特‧庫克（Esther Cook）在旁悉心指導。

　　早期，由於學生人數過多，校方在今日「廚房教室」附近的
空地設置了臨時教室──以環境堪憂、一般充當工地經理宿舍的
拖車作為場地。推動「可食校園計畫」後，我的母親漸漸對那座
組合式廚房工業風的暗褐色調忍無可忍，於是自掏腰包請人將外
觀漆成茄紫色。結果，工班以為旁邊的那輛拖車是廚房的一部
分，也一併替它刷上了新色。一個星期過後，母親收到一班六年
級學生親手寫的卡片，原來，那輛誤打誤撞而煥然一新的拖車是
他們的教室，他們感謝她讓整個環境與眾不同，還有如此照顧他
們。每次想起這件事，我總是深受感動，因為這證明了，母親在
我眼裡徹頭徹尾的蠢事（例如她會每隔幾年就把專門裝可回收
物及垃圾的桶子重新漆上褐色，因為她覺得隱約透出的灰藍色很

醜*），可以轉化成一種關懷的語言。這種舉動到了最後其實無關美醜，而是關懷。食物如果精心擺盤，大多都會是賞心悅目的。如果孩子從小生活的環境能有斑斕的色彩、生機盎然的菜園、五顏六色的雞禽在校園裡盡情奔跑，我敢說他們一定能感受與展現深刻的關懷。

　　毫無疑問地，美麗與關懷陪伴我成長——美是構成我的存在的一切。然而，我一向覺得有必要強調，母親對美的關注從來都不是大題小作。這種生活方式之所以行得通，是因為她不會對物品感情用事。她也許鍾愛一個產自法國的骨董手工碗，但也一定會用它來盛裝菜餚、大喇喇將它放入洗碗機清洗，最後看著它碎得四分五裂，但這是與物品共處的唯一方式——否則何必買它們？有人認為，如果你喜歡收藏珍奇寶物，就不會以這種漫不經心的態度對待它們（我們家的烹飪珍品、跳蚤市場挖來的寶藏、亞麻布與書籍多到無處可放），但對母親而言，只要整個環境的氣氛（遠比外觀重要）對了，東西擺得不整齊也無所謂。我盡量不過分強調她無法忍受空間氛圍不佳的事蹟（尤其是預定舉辦招待會、美食饗宴或其他各種歡樂聚會的場地），因為這會顯得她心胸狹隘，甚至枉顧外界認為她是個難以企及的浪漫主義者。是的，她會一抵達加州州長在沙加緬度（Sacramento）的官邸為就職典禮餐會做準備時，就立刻堅持啟用棄置已久、想必只是裝飾

---

* 　在美國，住宅外放置的垃圾桶依顏色區分廢棄物，各州規定不同。

的壁爐——還用說嗎？當然是為了烘烤普切塔（bruschetta）*要用的麵包呀！雖然員工們聽到這個要求時瞪大眼睛、冷汗直流，而且憂心忡忡地反對，但依然敵不過我的母親——賓客到場時，柴火煙燻與麵包烘焙的原始氣味撲鼻而來。炭火烘烤的麵包，剛瀝去鹽水、新鮮溫熱的手工莫茲瑞拉起司，青綠純淨的橄欖油，加上滿室的芳香，感覺再也沒有比這更豐盈富足的政治盛會了。

這代表著一種敏銳觀察周遭環境的生活態度，致力於關懷，以及緩慢而意味深長地收藏物品——而不是追求金錢或特權。她在數十年的旅行、工作與友誼中磨練出一種鑑賞力。她二十歲時到土耳其旅遊，一名陌生人的慷慨——牧人在她的帳篷外放了一碗現擠的牛奶——與她如何延伸自我、或發揮氛圍感以營造一個讓大家都能體驗與享受的公共環境有密切關係。為了成為一位餐廳老闆（或者如她所稱是「餐館女店主」，以自己身為女性來執掌傳統上由男性擔任的角色為傲），你必須有一股與別人分享部分自我的欲望；這可能是世界上最氣度寬宏、也最貼近自我的職業了。帕尼絲之家由一群朋友改建一棟住宅而成，因此我想，那種彷彿來到朋友家的親近與熟悉感，特別令人難忘。

我的母親無時無刻都在營造氛圍，不論是自家的房間、餐廳的環境，或是Airbnb一位對住客毫無戒心的房東出租的房間。當一個空間「需要」些微變動時，沒有人——我得再次強調，沒

---

*　義大利的家常開胃菜，以烤麵包加番茄、起司、冷熱肉和蔬菜做成。

有人——的手腳能像母親那樣俐落。如果去到一個僅僅待個幾天的租屋處，她仍會表現得像是有任務在身的五星上將一樣，親力親為地搬動笨重家具、分派工作（如果有人的話），並找一個空間——最好是寬敞的衣櫃——把看不順眼的東西全塞進去。外觀像飛天小豬的花瓶？擺在室內當裝飾品的公雞風向標？布滿斑駁刀痕的砧板？通通丟到衣櫃去。她會順手畫張地圖，標明哪些東西原本放在哪裡，提醒自己與其他在場者要在退租之前物歸原位。無可避免地，那個小豬花瓶在我們來回搬動的過程中壽終正寢了（或者應該說是英年早逝）。也因為如此，我們每次租屋幾乎都拿不回押金。

不過，有時候問題不在於屋裡擺了小豬花瓶，而是燈光不對，例如必須換上瓦數稍低的燈泡、檯燈調暗一點，或是燈罩包一圈報紙好讓光線柔和些。然而其他時候只需要那麼一點點的調整：點一根迷迭香，在每個房間揮動幾下，就像在拿淨化棒驅魔那樣。我如果在柏克萊以外的地方聞到這種薰香的味道，都會一陣暈眩——彷彿母親才剛來過房間，利用獨特的儀式趕走了破壞空間氛圍的邪靈。

2
早晨

　　以前，我家在早上片刻不得安寧，充滿了一間屋子從睡夢中甦醒後會有的各種聲音：熱水嘩啦啦沖入浴缸、爐子上的水壺發出尖鳴，地板被來來去去的腳步壓得嘎吱作響。還有其他聲音——母親在廚房壁爐那兒堆疊木柴，折斷葡萄藤當火種，放入揉成一團的報紙，劃根火柴生起火來。在我的記憶中，廚房的壁爐每天都燒著柴火，儘管實際上並不是這樣。然而，母親點火燒柴、利用精心調控的火侯烹煮食物的日常儀式，是我與她之間永遠的連結，也是我出門上學前跟她在廚房共度的回憶。

　　在柏克萊的這棟房子，廚房是一個寬闊的矩形空間；一張砧板桌占據了大半邊的空間，用餐區的中央擺了一張表面光滑的橢圓形大理石餐桌，與室內的壁爐平行而立。我父母當初在一九八二年翻修這棟房子時，最大的工程就是將這兩個區域打通。但是，要蓋一大座磚砌壁爐（包含一個烘焙烤箱與高度及腰、方便火烤的開放式火爐——還得配上烤肉架），也不是件容易的事。

這座壁爐至今依然是屋子裡使用最頻繁、而且備受喜愛——更遑論別具代表性——的特徵。

　　母親總會泡一杯溫熱又帶點咖啡因的飲品細細品嘗，迎接繁忙的早晨。我還小的時候，那是一杯奶味特別醇厚的咖啡歐蕾——法國人偏愛的咖啡，而這促成了一九八四年芬妮咖啡廳（Café Fanny）的開幕，地點就在我們家的同一條路上。我與叔叔吉姆（Jim）一起經營這間咖啡廳，宗旨是讓人們可以盡情享用咖啡歐蕾，品嘗我奶奶的私房格蘭諾拉穀物燕麥（當時這種燕麥尚非主流）及手捍的蕎麥可麗餅。後來，母親自從身體檢查發現膽固醇偏高，就只喝普洱茶（puerh，土壤發酵的中國紅茶），但一向以碗盛裝，因為她的櫥櫃謝絕馬克杯。儘管我生活在慣用馬克杯的務實世界裡（可讓茶保溫更久！），但每天早上依然喜歡與母親捧著溫熱的湯碗坐在一起，看著葉片散開、緩緩沉入色深如墨的茶水。

　　兒時，我總是坐在砧板桌較窄那端的小凳子上，靜靜看著桌上任何像是午餐的料理，或是母親忙著處理早上例行家務的模樣。我們家的早餐要不是鄭重其事的大餐（用風格承襲十七世紀法國古董的鐵湯匙盛裝、拿到壁爐烤熟的雞蛋），就是一般的家常菜。我小時候最常吃的麥片是小麥奶油牌（Cream of Wheat），不是用高山上受純露灌溉的小麥漿果新鮮研磨、崇尚自然且有益健康的那種麥片。那就是經過衛生處理的食品而已，乳黃色的外盒印有巴貝多廚師法蘭克‧懷特（Frank L. White）

永遠開心洋溢的卡通版肖像。當時母親怎麼會容許這種東西出現在餐桌上、卻又丟棄其他非有機的食物，我到現在還想不透，但我懷疑是因為它帶來一種撫慰人心的懷舊感。然而，受命負責準備這類早餐的人是我的父親，而我對烹調過程十分講究。例如，麥片得加牛奶一起煮，但牛奶不能一開始就加，否則會產生焦味，吃起來就會變得噁心，像煮過頭的牛奶那樣，表面還會結一層詭異的薄膜。首先將麥片和水一起煮，再慢慢加入牛奶。我會吵著要父親大聲念《柳林風聲》（*The Wind in the Willows*）*給我聽，還得顧著不能讓麥片粥煮焦了。我會毫不留情地替麥片粥打分數，嚴格要求煮牛奶的一致性、溫度掌控與流程，可說是不折不扣的「奧客」。

話雖如此，小時候我最愛的早餐是三分鐘雞蛋。運氣好的話，可以吃到水煮得恰到好處的藍色阿拉卡納（Araucana）蛋，我會開心地拿那金盞花般的橘色蛋黃來配塗滿奶油的吐司條吃。這在我家是少數利用冷凍庫放了好久的零碎奶油所做成的料理（在橄欖油當道的家庭，奶油自然只能去冷凍庫）。對那時的我而言，沒有比奶油更好吃的食物了，那微微的鹹味和油脂與頂點麵包店（Acme Bread Company）老麵吐司的酸味完美交融，滋味棒極了──那種吐司的邊緣酥脆到很容易割傷嘴角。母親擁有

---

*　英國小說家肯尼斯・格雷厄姆（Kenneth Grahame）所著的經典兒童文學作品。

靈媒般的第六感，總能將雞蛋煮得恰恰好，烹調時間當然不只三分鐘，但我們仍然這樣命名。可能八〇年代的雞蛋沒有現在來得大。

　　說到八〇年代，我想不太起自己開始感受食物滋味之前的日子，也就是說，我不記得一個沒有味道的世界。味道就像礦石的稜柱，我透過它來看待、分析、了解甚至批評大多數的食物，而且想必打從出生起就是這樣，因為母親從沒餵過我吃任何她自己不吃的食物，其實，我小時候吃的大多就是她吃的東西，只是有

磨碎一點。但是,她也會問我(等我大一點、懂得描述自己的感受時),剛才吃的東西味道如何。她鼓勵我表達味覺感受並建立飲食喜好。在如此的循循善誘下分析自己對食物的成分有何感覺,反倒使我在吃的方面來者不拒,而嘗試透過詞彙——不論一開始使用的字詞有多簡單——解釋這些感覺,更讓我培養出對美食的敏銳鑑賞力。母親總說自己很幸運能有一個不挑食的孩子,我向來樂於嘗試古怪新奇的食物,也的確幾乎各種蔬菜都愛吃。不論是受到她曾在蒙特梭利體制下任教而關注的重點所影響,或是飲食口味有大半都繼承自她與堪稱葡萄酒專家的父親,我從小就在潛移默化中學會相信自己的味蕾與嗅覺。

藍蛋配吐司條

在我從二十二歲起住了十年多的英格蘭,沒有人將雞蛋冰在冰箱,也沒有超市會將它們陳列在冰櫃裡。這是因為在英國(及其他許多國家),雞蛋不像在美國那樣販售前會先清洗過,因此表面保有一層防護膜,可室溫保存。我過了好一陣子,才適應逛超市時要到洗衣精那區才找得到雞蛋,而不是牛奶那區,但說到做菜,雞蛋以室溫保存,一向比冰藏來得好。你有看過食譜建議選用冷冰冰的雞蛋嗎?沒有這種食譜!然而,許多食譜會建議使用室溫、甚至溫熱的雞蛋,是因為沒有冰過的雞蛋滋味更好,可以更快打發、更容易熟成,而且乳化效果更好。至於母親為何將這道菜稱作「三分鐘雞蛋」?我認為是因為八〇年代的雞蛋比現在小〔那時母親的朋友珮蒂·科坦(Patty Curtan)常常將家裡後

院的母雞所下的蛋直接拿來給她〕，另外也是因為母親總將雞蛋放在碗裡並擺在廚房的工作檯面上，既能利用它們的各種顏色來美化廚房，又方便取用。然而，不管雞蛋是大是小、室溫還是冰過，放在鍋裡滾煮三分鐘的做法似乎起了作用：可以讓蛋黃呈現金黃液體狀，而蛋白熟得恰到好處。如果你使用的雞蛋比較大、或溫度較低，就煮久一點。我對水煮蛋沒什麼堅持，只要蛋黃沒有熟到無法用塗了奶油的麵包沾著吃，我就心滿意足了。也就是說，完美雞蛋早餐的關鍵，除了毫不手軟地（而且來回反覆）撒上鹽巴與現磨的胡椒粒之外，更在於酥酥脆脆的吐司條必須浸潤在金黃濃郁的蛋汁裡。我試過用橄欖油或大蒜幫吐司條調味，但都比不上奶油來得美味。切下一片老麵發酵的吐司，然後再切片成「條狀」，最好在烘烤之前切好（確保能烤到酥脆）。塗上微微融化或完全軟化的奶油，趁熱配撒了大量鹽巴與胡椒的水煮蛋一起吃。

3
栗紅色與黃綠色

　　小時候想像力有限的我經常問母親的其中一個問題是，「你最喜歡什麼顏色？」她給的答案總是一樣，高深莫測、令人好奇。「栗紅色與黃綠色，我兩個都愛，選不出來。」如果她在開車，而我問了這個問題（這是我最愛的時刻，可以對她東問西問），她會悠悠地對後座的我這麼說；或是她在廚房、而我在另一個房間又提了這個百年問題，她也會不厭其煩地回答（又或者是一邊忙著做菜，一邊搭理坐在砧板桌另一邊的我）。栗紅色與黃綠色是不太為人所知的兩種顏色，色系分別屬於互補色紫色與黃色。在某種程度上，這兩種顏色概括了一切；它們簡潔完美地呈現了母親一手打造與固守的美學宇宙。

　　當然，這不表示她從不接觸其他色彩，只是她知道自己喜歡什麼，而且忠於所愛。我年少時，她總讓我依照自己的喜好布置房間，於是，我的房間充滿了九〇年代青少年喜歡東拼西湊的可怕配色，更別說是許多「絕對伏特加」（Absolut Vodka）廣告海

報黏合而成的「壁紙」，再點綴幾張青春無敵的李奧納多‧狄卡皮歐（Leonardo DiCaprio）的照片。母親大致接受我追隨的時尚潮流與布置方式，沒有責罵我。這多少跟我從十二歲起自己的房間就換成二樓改造過的閣樓有點關係，讓她可以眼不見為淨。直到今日，我留在一樓的任何物品（電腦的接線或亮紅色的羽絨外套），都會被默默收起來封存在樓梯底部的倉庫。這種重視美觀的氛圍當然令人感到窒息或煩悶，但母親並沒有強迫症，她只是擁有敏銳的美感與喜歡栗色而已。

　　仔細思考便不難想像紫紅色為何吸引人。畢竟，這種顏色正如春天會在我們家前院出現、花瓣形似羽毛的「黑鸚鵡」（Black Parrot）鬱金香，或是後院盛開的每一種玫瑰花——從香氣濃郁的「奧賽羅」（Othello）、名稱令我嚮往的「紫羅蘭」（Reine des Violettes）到「普羅斯彼羅」（Prospero）的花冠——花瓣交疊地比魚鱗還密集。正如銅是我們家唯一經過許可的金屬，栗紅色主宰了室內所有的軟裝：沙發與沙發椅、地毯、浴巾、枕頭、椅面換新的中世紀古董椅、母親很久以前到摩洛哥旅行帶回的長袍。我曾經在倫敦一家設計師品牌店買了一條黑白相間的羊駝毛毯當作禮物，想說讓母親窩在沙發上看著最愛的特納經典電影頻道（Turner Classic Movies）時可以裹著取暖。但是回家後，我還沒來得及開口問她「喜歡嗎？」，她就把毯子扔進了染缸。下次我看到的時候，它已經變成了栗紅色。

　　然而，這種溫暖的顏色讓人想起荷蘭文藝復興時期花卉靜物畫中天鵝絨般的暗沉色調（母親總會在家裡各處擺放幾張這種舊舊的明信片）。那些畫作不僅是繽紛的色彩，還是靈感的來源，在脾氣暴躁卻才華出眾的花卉藝術家凱莉・格倫（Carrie Glenn）精心雕琢與插制下，以花朵的形式體現錯綜複雜的斑斕線條。我不認為在美國還有比她更謹慎低調而富有想像力的花匠，至少在她長駐帕妮絲之家的大多時候是如此（約有三十年）；她巧手打造的花藝極其精緻，每個星期汰舊換新的成本所費不貲，任何腦袋清醒的人都不會願意花這筆錢——當然，我的母親除外，說到

花卉、萵苣、橄欖油、燈光或甚至環境的氣味，她就會失去理智。她是不是一向如此，或者在我出生前的某個關鍵時刻養成了重視這些事物的習慣，我不得而知，但我對以前的她印象最深刻是堅定不移的原則。毫無疑問地，她成年後累積了足夠的財力，可以不假思索地選擇頂級橄欖油，但她的堅持未必表示東西都挑貴的買。她執意進行的許多改造不是一毛錢都沒花、就是成本低廉，像是拿路上撿來的樹枝綁成一捆花束，或者用後院種植的菜葉或窗檯邊的植物做成沙拉等等。無論如何，如果你最大的壞習慣是堅持使用優質橄欖油，應該沒那麼容易就傾家蕩產。至少，我是這樣合理化這件事的——我似乎遺傳了母親對於上等的佐料與農產品的堅持，即使這意味著一個月有好幾頓晚餐都吃吐司佐扁豆或沙丁魚（事實證明，想讓最簡樸的食材變得可口，用優質的橄欖油就夠了）。至於妝點居家環境的花卉（其實應該說是葉草），我大多都是在倫敦或柏克萊等城市的街道旁從枝葉繁茂的綠樹上偷摘來的。

儘管如此，我的確有向頂尖高手學習插花的技巧。凱莉經常徵召我和我小時候的好友莎拉（Sarah）充當助手，尤其是她為了讓作品呈現特殊的視覺效果而傷透腦筋的時候。例如，有時我們會在放學後的下午利用銅絲將顏色粉嫩的小顆海棠果串成花圈，掛在帕尼絲之家一樓餐廳那些琥珀色的鏡子邊緣，讓晚餐顯得豐盛無比。我們的手指全是果肉與果皮的汁液；頭髮也弄得濕濕黏黏的，沾滿從葉背飄落的細毛。我們的雙手因為串銅絲而多

了大大小小的傷口，但還是得用這個材質的絲線才行，這樣所有東西的顏色才能與原木風、充滿紅銅色調的室內空間融為一體。凱莉的技術細膩而精準，看似與作品所散發的野性互相衝突，但她十分擅長創造狂亂奔放的意象。花朵可說是她創作的畫筆。大家都認為她是名副其實的藝術家。

　　對母親而言，花不僅是餐廳裡令人賞心悅目的享受，也是任何空間不可或缺的一部分。在廚房一隅，有個綠色大甕似乎永遠都插著葉片錯落的樹枝與毫不起眼的花朵，它旁邊原本是一扇觀景窗，最近翻修成了對開的玻璃門，打開即可通往花園。這些配置雖然遠不如凱莉巧手打造的傑作，但仍是廚房以至整間餐廳溫馨氛圍的重要元素，就如同母親擺在廚房水槽窗檯前的那些小花瓶——來自英格蘭、質地光亮的小型銅罐，或是各式各樣銅製的迷你古董器皿（其中最不起眼的一個是我在高中的鍛造課上親手做的）。這些容器時常插有精心挑選來的花草，譬如她在插花時不小心折斷了莖部、卻又捨不得丟棄的一朵盛開的花；庭院裡節瘤繁多的梅爾檸檬（Meyer lemon）樹難得冒出的幾顆果實；抑或是季節更迭之際地上長出的一小束純潔無瑕的紫羅蘭。

　　我知道紫羅蘭嚴格說來不算是栗紅色，但也接近深紫色，更重要的是，它們是永遠會讓我想起母親的花卉。假如要在身上刺青紀念母親（不到四十年她就會以一百一十歲的高齡從帕尼絲之家退休！），我會選擇這種花。我家的前院一向種有紫羅蘭（後院也有，但那些通常比較容易被忽略），它們每年都會報春信；

這些含苞待放、沿著地面生長的小型植物預示著溫暖的日子即將來臨。如果兩週之內沒人採摘，它們就會一如現蹤時那樣無聲無息地消失，從來不像紅色與黃色鬱金香般地麻煩與惱人──這兩種花綻放數天後便會開始枯萎而東倒西歪，宛如情緒起伏劇烈、成天為愛憂愁的青少年。到了紫羅蘭盛開的時節，我會在放學回家的路上摘一些給母親，有時是前一天沒有採到的，有時是新長出來的（母親怕我良心不安，總說「它們**喜歡**被人摘！」）。她不曾要求我摘些花草或到花店買一束花給她，但這成了一種心照不宣的傳統：窗檯前擺的一小叢花束每天都會添上新枝，乾枯的葉梗或枝幹也會被摘除。

我喜歡尋覓細小的花朵，它們總是躲在愛心形狀的深綠色葉片之下。母親會在我回家的前十幾分鐘走進屋子，讓門半掩，到廚房去弄東弄西，假裝不知道我為何在門前的庭院逗留，或甚至「沒有注意到」我還沒進來坐在砧板桌前吃點心。我滿心歡喜地將自己用葉草圍成的小花圈送給母親。即使我幾乎每天都會採一些紫羅蘭送她，但母親每次收到花時都會又驚又喜。沒有任何事物比母親發自內心的快樂模樣更能讓我始終如一地送上這份樸實無華的禮物了──我真的不知道還有誰有這種能耐。至今無論我在世界上的哪個地方，看到一株紫羅蘭，都會感覺母親彷彿就在身旁。每當我在倫敦住家的花園裡摘花，總會想起母親，惋惜只能以代替氣味芬芳的鮮花，透過電子郵件寄給她。

母親曾以我在帕尼絲之家的成長歷程為主題創作了兩本童

書，第一本在我八歲時出版。當時，我覺得這個點子棒呆了！我？我是大家關注的焦點？我變成一本繪本的主角？真有意思！這本書出版時，我不用跟著母親參加簽書會與電台宣傳等活動，每天照樣開開心心地玩耍。直到現在，我簽名時從來都不像當時在《芬妮在帕尼絲之家的生活》（*Fanny at Chez Panisse*）封面簽上「芬妮」那樣神采飛揚。上高中後，這本書被改編成了渴望登上百老匯舞台的一齣音樂劇，而我逐漸產生一連串的疑惑，對過去的決定感到無限悔恨。後來這齣劇遭到《舊金山紀事報》（*San Francisco Chronicle*）以「芬妮的生活平淡乏味」的斗大標題無情批評，我到學校時發現，有人將那篇新聞影印了好幾份貼在我的置物櫃上。至於我的母親對這整件事作何感想？她看起來一點也不後悔，但我猜想，要是當初我堅決反對，她一定會心軟而作罷。我想，任何參與那本書的人士得知音樂劇後來無緣進軍百老匯時，應該都鬆了一口氣；儘管如此，這件事造成的局促不安──大多是我自己──從未演變到一發不可收拾的程度，當然也沒有妨礙續集推出的可能性〔《芬妮的法國生活》（*Fanny in France*）幾年前剛出版〕。

　　儘管隱約受到了屈辱，我仍然得說，這場苦難中最美好的事情之一，是許多同齡女孩讀了這本書之後寫信給我。當然，那個年代網路還不存在，我就讀的法國學校也強制規定學生必須與年紀相仿的法國學童通信，因此，我當起了「粉絲」夢寐以求的筆友。我仔細回覆每一封信，也提供一些食譜與圖解；不時寄信關

心他們（更與其中一些人通信數年）；並盡量讓自己跟出現在母親的著作裡的第二個我一樣泰然自若。我印象最深刻的一封信來自一位年輕的讀者（信裡的字體又大又生硬），而她似乎也想成為作家。信裡寫道：「親愛的芬妮，你知道怎麼做紫羅蘭口味的口香糖嗎？敬愛的喬治亞（Georgia）筆。」我當時不知道做法（現在也是），但我回信並附上了紫羅蘭蜜餞的食譜，這道料理如今不只讓我想起喬治亞，當然也會讓我想到母親。

紫羅蘭蜜餞

　　我不常拿花朵做蜜餞，但每次做的時候，我都覺得付出一點點努力就能換來如此美味的食物，非常值得。在復活節那天醃漬紫羅蘭蜜餞當檸檬塔的花邊裝飾，就是一例：紫色的蜜餞花與黃色的塔身相映成趣，美妙的滋味保證讓每一個嘗過的人都陶醉不已。這是一種讓人吃過就忘不了的奇特料理，但做法相當簡單。烤盤鋪一張蠟紙或烘焙紙。在一個中等大小的碗裡打入兩顆蛋白，攪拌到成泡沫狀。拿一個小碗，倒入一杯白色的細砂糖。一次拿取一株紫羅蘭（務必使用可食且常見的紫羅蘭，這個品種可見於溫室栽培與野外，如果你有疑問，請諮詢專家！），將花瓣內外都浸入蛋白，然後小心沾取糖粉，整朵花都必須裹上糖衣。兩顆蛋白應該夠你做上數十朵蜜餞。將裹上糖粉的紫羅蘭放入事先備好的烤盤，如果製作過程中花朵歪斜傾倒，可用牙籤、火柴或小刀的尖端將每一朵花恢復原狀。多撒些砂糖，讓所有凹凸不平的表面都沾到糖粉。最後，拿剪刀剪掉花柄。將蜜餞放在溫暖乾燥處脫水二十四小時以上。乾蜜餞裝入密封罐可保存兩個月。

　　那麼，母親又為什麼喜歡黃綠色呢？這種顏色讓人聯想到春天，還有沿著母親在後院用裸竹筒搭成的圓錐形帳篷蔓生的豌豆卷鬚——那座帳篷總在盛夏甜豆繁茂生長時開始倒向一邊。我喜歡坐在那裡揀豆子吃，直到吃不下晚餐為止。黃綠色也是看起來與紫紅色特別搭的顏色（實際上也是如此）。對母親而言，「黃綠色」（英文作 chartreuse）不只是她喜歡念的一個詞彙（我也總愛像隻鸚鵡般跟著她念），也是象徵萬物生長、復甦的顏色。當我們家那棵高聳、有著數世紀歷史的紅衫枝幹上冒出新芽，她總會打電話通知我。那種在久旱甘霖的一夜過後萌生的鮮綠，使我家後方雜草叢生的地區公園裡了無生氣的乾枯草坪瞬間變成了欣欣向榮的綠地，讓人在加州的山丘上散步就像到了一座神祕的綠色王國。蠶豆莢的裡面、還有母親喜歡在沙拉中加入的山蘿蔔，都是這個顏色。

　　母親曾提過，法國阿爾卑斯山（French Alps）有一群僧侶住在名為大查爾特勒山（Grande Chartreuse）的修道院。他們被稱為卡爾特教徒（Carthusian），而為了代替交談（教條嚴格禁止說話），他們會釀製查特酒（Chartreuse，又名蕁麻酒）——一種顏色鮮明並加入高山藥草浸漬、貌似像下了毒的酒精。在母親的幻想中，這座修道院還設了一間餐廳，那是一個有著古老大壁爐的地方，走進去就會看見綿延上百公畝丘地的寬闊花園，但我無法想像卡爾特教徒如何不發一語地為客人解釋菜單、點餐或烘烤牛排。我與這種酒最近距離的接觸是香緹鮮奶油（crème

Chantilly），那次是在帕尼絲之家用餐時為了搭配一片完美的蘋果薄餅，但查特酒碰到舌頭的那一刻，我就汗毛直豎、心生抗拒，因為它太濃烈了。我很樂於嘗試沒喝過的酒，但不能接受甜點以任何方式受到各種烈酒的褻瀆。

　　母親第一次遇見蘇西・湯普金斯・貝爾（Susie Tompkins Buell，思捷（Esprit）創辦人，她的慈善基金會率先支持母親推動的可食校園計畫）時，我年約八歲。結果證明，兩個來自灣區（Bay Area）的女性前輩遲來的這場相遇，是栗紅色與黃綠色真正的交會：一段注定能天長地久的友誼。蘇西對黃綠色的癡迷，與母親對栗紅色的執著不相上下。一走進蘇西完美打造的室內空間，就會立刻沉浸於各種青草似、如玻璃般光亮的黃綠色天地：工作室陶藝家芭芭拉・威利斯（Barbara Willis）手工製作的各式花瓶與壺罐（其中有一半都上了黃綠色釉料）、以色調濃淡不一的淺綠色抱枕點綴的一整套黃綠色沙發、讓人愛不釋手的各種玻璃器皿與法國跳蚤市場挖來的碗碟，還有鑲滿年代久遠但並未脫落的綠色海玻璃珠（從當地的海灘撿拾而來）的各種織毯、圓盤與祭台。這間屋子充滿了綠色元素，彷彿奧茲國的翡翠城（Emerald City of Oz）*在加州波利納斯（Bolinas）成為現實。更巧的是，母親與蘇西都愛吃帶有苦味的萵苣，這種冬季蔬菜搭配油醋，再加上氣味濃烈的大蒜、鯷魚及大量的橄欖油

---

*　知名童書《綠野仙蹤》（*The Wonderful Wizard of Oz*）之一的故事所描繪的城市。

和檸檬一起入口，滋味絕佳。她們兩人的最愛是卡斯特弗朗科（Castelfranco），一種義大利出產的菊苣，頭部形似巨型玫瑰，淡黃綠色的葉片上均勻布滿深栗紅色的斑點。

4
削水果

　　母親最大的特點之一是她的雙手，但我想，任何人看自己母親的雙手也都會覺得那是獨一無二的。畢竟，是那雙手撫慰了我們的童年，幫我們換尿布、將我們裹在襁褓中與溫柔哄抱，幫我們梳頭、塗防曬乳、抹抗菌劑與貼OK繃，還有穿衣服與綁鞋帶。然而，我母親使用雙手的方式很特別——它們凸顯出堅定的信念堅定與無所畏懼的勇氣，因此顯得不同凡響。她的手掌其實很小，指甲永遠都很短（心情焦慮時的啃咬、粗魯的修剪，以及煮菜時偶爾發生的意外，譬如有次她為了釀製核桃白蘭地，在剝綠胡桃時削斷了一根指頭的前端）。

　　別人看她的手經常會注意到一整排的戒指：好幾只低調不顯眼、鑲有寶石的維多利亞式指環，將每一根手指襯托得華美優雅。然而，即使手指上戴有珍品，她仍舊隨心所欲地用雙手料理食物，譬如輕拌沙拉、剝蝦殼、將肉排從沸騰的高湯中取出並立即去骨。不用說，她手上沒有一只戒指完好無缺，總是這裡掉了

一顆寶石、那裡有一道填補不了的凹痕——**永遠**無法彌補的一條刮痕或一小顆珍珠。儘管如此，她的手指在我看來異於常人地強壯（不論是天生或因為在廚房工作多年）。就此而言，她的雙手反映了過人的決心。不要被她的外表騙了：她可以臉不紅氣不喘地舉起特大號鐵鑄鍋、扛起一只大得誇張的行李箱，但如果身為可靠的搬運工的我在視線可及的範圍內，她就會假裝自己力氣不夠，需要我幫忙。小時候，我洗完澡會跑去跪在她身邊（她通常會坐在客廳的沙發上），將濕淋淋的頭靠在她鋪了毛巾的大腿上。她會用毛巾從兩邊將我的頭包起來用力搓乾，那指尖的強勁力道讓我覺得既安心又興奮。

然而，我看到她大喇喇地直接用雙手揉捏食物、絲毫不介意殘渣會留在手上，也不禁心驚膽顫，她也時常在吃飯時將刀叉棄置一旁，改用手指取食。我想這不是因為她不重視禮儀，而是本能地渴望更貼近自己正在吃的東西、渴望更加認識食物的滋味。手指會比頭腦與嘴巴更快讓她知道，麵包片烤得夠不夠脆、魚煎得夠不夠熟、沙拉的醬汁夠不夠多。我有樣學樣，幾乎沒有機會培養進步的餐桌禮儀。我可以直接用手拿大部分的食物來吃而不用害怕遭到指責，在家與在餐廳都是。母親好像沒有對我說過「用刀子和叉子！」這種話。我在帕尼絲之家最愛的一道手指美食是「外翻三明治」，做法是拿幾片沾了醬的大萵苣葉包酥酥脆脆的老麵吐司片，然後一整塊塞進嘴巴。一些老主顧——不論是否知道我是老闆的女兒——看到我這個樣子，都會露出嫌惡的表

情。我們到法國這個連吃**披薩**都用刀叉的國度旅遊時，人們都當我是可鄙的美國人（法文作「Américains pitoyables」）養大的野蠻孩子。儘管如此，從小耳濡目染的這種習慣一直跟著我。在與一位男友剛交往不久的一次約會中，我直接用手攪拌加了醬汁的沙拉。他告訴我，他從未看過任何人（至少在歷任女友之中）以這種方式與食物如此靠近，而且這還是大家會一起分食的一道菜。我把這番話當成是讚美。

我們家以手取食的習慣也意味著，我從學校帶回來要給母親簽名的表單（例如遠足調查表），無一倖免於油漬或油膩膩的指印。老實說這並不令人意外，因為我曾發現母親打算將前一晚被油濺到的一條褲子浸入一鍋橄欖油裡「染色」。後來，家裡的洗衣機就壞了。無論如何，橄欖油只是母親身上慣常散發的氣味之一──她的雙手總是有大蒜或醋的味道。我還不知道細菌是什麼東西之前，就已經忍不住擔心她的兩隻手長滿細菌，而她則想不透自己怎麼會教出一個有潔癖的孩子，以為我是受到褓姆的影響才得了這種跟她八竿子打不著的疑心病。舉個例子，如果我想請她幫忙抓背（由於她指甲短，因此抓起來感覺就像輕柔的按摩），也會要求她先把雙手徹底洗乾淨。我會學醫生在手術之前那樣大喊「仔細清洗乾淨！」她總是沒好氣地勉強照做，但在我看來，她是敷衍了事。她洗完手後，我依然可以聞到一絲絲殘留的味道，像是鰻魚的腥味、手工紅酒醋濃厚且久久不散的氣味，或是稍早燉飯裡加的洋蔥的辛香味。但是，當她滑順的手掌（它

們怎麼能在日夜操勞下還如此平滑？）在我鬧疼的肚子或痠痛的背部上畫著圓圈、順時針描出滿月的形狀時，我對細菌無可控制的焦慮就會隨著每一次的溫柔撫觸而消散，她的掌心既溫暖、**又像**大理石般地冰涼。

然而，如果要說母親的雙手在我心中留下最深刻的印象是什麼，那會是她握著水果俐落地削去果皮的樣子。我們家的餐桌中央總有一個碗會擺放幾樣當季盛產的水果。這些水果是家裡做甜點用的食材；在我們家，除了水果之外沒有其他甜食，只有在特殊場合與節慶會製作特別的甜點，或者直到最近才出現的陳年苦味巧克力（大家會興趣缺缺地吃個幾口但從未吃完）。不過，我依然能感覺到耳邊傳來咒語般的一句話：「小芬，可以請你幫我拿一把銳利的刀和一個碟子嗎？」聽到這句話，我便會從起身走到放刀子的抽屜前（她與父親依然坐著），小心翼翼地選一把木柄的削皮刀，並踮腳從後方櫥櫃拿出一個碟子。即使我年紀還小、但母親仍託付我挑選與拿取危險物品的這種信任，讓當時的我對這個日常儀式感到興奮不已，如今回想起來仍記憶猶新。我會把那些東西拿給坐在壁爐前的她（一向在同一張溫暖的椅子上），而她會像摸黑探索般在碗裡東挑西選，拿起熟度適中的水梨、蘋果或無花果。那種觸覺、那種指尖的手感讓我覺得不可思議，雖然我知道許多大廚都擁有這種天賦：摸個幾下就知道哪顆水果鮮甜多汁、哪顆熟過了頭；還有用一根手指按壓烤爐上的牛排就能立刻判斷熟度。

　　無論如何，最好的水果會被挑中，緊接著進入削皮切塊好端給家人或客人品嘗的準備期。她進行這項神聖儀式的時間久得可以，但還沒到令人厭煩的程度。她在許多事情上手腳俐落（現在依然如此），但一準備起水果就會放慢步調，有條不紊地磨去桃子表面的絨毛或削除水梨布滿顆粒的苦澀外皮。如果挑到的水果品質有疑慮，她會先嘗幾口確定無虞後再端上桌。如果沒有問題，她會把水果切成完美的新月狀，不是直接拿一片塞到我們嘴裡（我是最常被餵的那一個），就是整齊排在盤子裡讓大家傳遞取用——端視在場的人是誰。

　　把最好的食物留給別人、而不私自享用的行為，展現了一種極不尋常的慷慨，因為人類天生就是自私的動物。然而，她一向如此大方：不管是誰有幸用餐時與她比鄰而坐，都能從她那裡分享到某些食物，但只限不容錯過的美味佳餚。她只會幫自己留一塊品質次等的桃子、沒那麼香甜的水梨或還未熟透的李子，好讓旁人可以吃到最鮮美的水果。實際上，她對所有的食物都是如此：好不容易挖出龍蝦螯裡鮮嫩欲滴的那麼一丁點肉，卻毫不遲疑地放到別人的盤子裡。對於任何費事又沾手、但滋味絕佳的食物，她會一手攬下苦活，將得來不易的成品遞到我嘴裡。生長在灌木上酸甜適中的黑莓？我們家萬綠叢中一點紅的櫻桃樹長出的那麼一顆成熟果實？從後院的小塊田地摘來、熟得恰到好處的覆盆莓？這些都是母親特別保留給我的好滋味。然而，母親的心意盡在不言中：彷彿在說，「我知道那是什麼滋味，我嘗過那些珍

饈。現在輪到你品嘗了。」我好奇這究竟是典型的母性特徵，還是伴隨母親角色而生的慈愛。我說不出個所以然來，但我想，母親的這種欲望比多數人都還要強烈。

餐後水果

　　這些回憶中沒有特定的「食譜」，一塊熟度適中的水果就是一頓飯最美好的收尾了，而這帶給任何人的滿足溢於言表。正因如此，水果碗是帕尼絲之家的固定菜色，也是作家麥可・波倫（Michael Pollan）經常稱頌的一道料理。如果你曾點過這道菜，嘗過當季正香甜可口的水果，我可以保證，你絕對忘不了香味四溢的布朗克斯（Bronx）葡萄、焦糖般濃甜的巴海（Barhi）椰棗，或是鮮嫩欲滴、汁液紅潤的桑葚，這些水果的風味遠比帕尼絲之家供應的切片水果薄餅（當然也非常美味）來得濃郁。帕尼絲之家不只雇請一位正職的「食材獵人」（工作內容顯然是從加州與鄰近地區數百名農夫生產的作物中挖掘最棒的食材），四十多年來也與生產者建立起深厚的合作關係。「霍華的奇蹟」──我吃過最美味的李子──原本由霍華（Howard）本人從自家後院種植的三棵李子樹採摘後親自運送到各家糕餅舖，他去世之後，那些李子樹也跟著被移走了。原本帕尼絲之家會在那些李子樹盛開的季節以果實入菜，後來就不這麼做了，因為菜單的一致性不如食材的品質來得重要。假如作物的產量意外地因為強風吹襲而減少，餐廳便會安排食材使用的優先順序：上等水果用於水果碗，枯萎的水果當作薄餅的材料，過熟的水果放入法國銅製的大果醬罐，之後拿來做果醬或糖汁，可用於裝飾蛋糕或派塔，或是淋在冰淇淋上。

　　家裡偶爾也會出現蛋糕、薄餅與糖汁，但就水果的食用期限與我們家的生活而言，最重要的時刻是水果成熟之際，這時母親會請我準備器具，以便她深情款款地一個個削皮切塊──真是個怪人。取一把銳利的削皮刀〔奧皮尼刀（Opinel）和維氏（Victorinox）都是不錯的選擇〕，慢慢削去水果的外皮，切成適當大小。將切好的水果放入盤內，無須刻意擺盤即可上桌供大家享用。如此料理的鮮果一向是滋味絕佳、最令人回味無窮的甜點。

5

人生中吃到的第一口草莓冰淇淋

　　糖並沒有主宰我的童年生活。我小時候吃糖的機會少之又少，連第一次嘗到冰淇淋的時候都記得一清二楚。當時我們全家在義大利度假。那是父親與母親的蜜月旅行（他們在我兩歲時結

婚），時值夏天的尾巴，即將進入初秋。我們在西恩納（Siena）正要前往近郊的一棟鄉村別墅。想趕走遲遲不散的酷熱暑氣，來口義式冰淇淋似乎是唯一合理的辦法。母親讓我自己選一種口味。那家冰淇淋店賣的口味五花八門，就像一道彩虹裡差別細微的無數個色階一樣。這些冰凍的東西——當時的我應該不知道那吃起來會是冷冰冰的——陳列在一片傾斜的玻璃罩下，店員從盒子裡挖出一坨，用冰杓塑整成色彩繽紛、軟綿綿的超現實小山，撒上一些種籽、堅果或巧克力碎片，看起來就像大麥町狗身上的斑點。我從未見過這種食物。我指向草莓口味。那是粉紅色的，加上草莓是我愛吃的水果，我想那時的我隱約知道，自己最愛的水果與玻璃後方的物質之間，在概念上有一種不受任何原始形體所束縛的關係。那是一九八五年晚夏採收的草莓所做成的冰淇淋——想像一下，它們出自不同的品種，生長在不遠處的托斯卡尼山丘上某一座有機農場，在遇上糖粉、鮮奶油還有低溫之前，未經任何人工雕琢。

　　我從店員手中接下只裝一小球冰淇淋的焦黃色甜筒，想都沒想嘴巴就湊了上去。那股氣味誘人之餘又透著冰涼，口感更是令人陶醉。這種義式冰淇淋使用的糖料散發出一種味道，與草莓的酸甜合而為一。也就是說，糖的分量恰到好處，不多也不少。那球冰淇淋呈現了柏拉圖式的草莓滋味，完美提煉出晚夏甜熟莓果的精華，每嘗一口，耳邊就彷彿傳來美妙旋律——那種滋味若只在舌尖飛舞，就太可惜了。樂音太過動人，讓我都忘了嘴巴才是

感受這個天賜之物的最佳媒介：我開始拿甜筒朝臉上亂塗，弄得整張臉滿滿都是冰淇淋。我想與眼前的美食融為一體，不只品嘗它，還要**感受**它。就這樣，我的衣服與頭髮在這場短暫卻難忘的相遇中成了受害者。那天發生的其他事我都不記得了（其實那趟義大利之旅的過程我也想不太起來），但我知道，我與蜜糖、還有冰淇淋之神的交會，是那樣地直接與真實，不是從別人的形容或照片得知，而是深深烙印於我的味覺及生命中最難以抹滅的食物記憶裡。當時父親與母親應該沒有拍照記錄，也沒有阻止我把整件洋裝弄得髒兮兮的。他們只是靜靜在一旁看著，已有兩年沒碰過冰淇淋的女兒像猛虎出閘般撲向奶與蜜的懷抱。即使那時他們已恢復無糖飲食並嚴格執行，但看到我為食物神魂顛倒的那一瞬間，想必也開心不已吧！

義式草莓冰淇淋

這個食譜恐怕需要一台冰淇淋機才能做。我通常不贊成在廚房裡放一些無關的設備，但我認為以製作夏日水果口味的義式冰品與冰淇淋之名來添購這種特殊用具，理由夠充分了。如果你真的不想花錢買冰淇淋機，但又想嘗嘗類似的滋味，可依照這種方式改做義式冰沙（只要將混合後的奶糊倒進淺型的大陶盤，冷凍一小時後再用叉子攪拌均勻，然後再冷凍二至三小時或直到完全結凍，每三十分鐘拿出來攪拌一次）。若想製作奶糊，首先得備妥一磅重的成熟草莓，去掉每顆的蒂頭。將一杯或約三分之一杯的草莓倒進平底深鍋，加入兩大匙水，以中大火煮至水

滾，接著轉小火加蓋，將草莓的汁液全逼出來。持續加熱數分鐘，直到
莓果散發濃郁的香氣。關火並將平底鍋置於室溫放涼約十五分鐘。將煮
好的草莓、還有事先備妥的糖漿一起倒進攪拌機，加入半杯糖與三分之
一杯全脂牛奶，拌成糊狀後試一下味道。一入口應該就會嘗到濃濃的酸
甜滋味。如果不夠濃或不夠甜，再加一些糖，一次倒一茶匙。在室溫
下，應該將奶糊調得比平常的口味甜一點，因為味覺對冰品的甜度比較
遲鈍。如果味道可以，可將攪拌機直接連同奶糊放進冷凍庫或裝到碗裡
冰半小時，加快冰淇淋結凍的速度。備妥冰淇淋機之後，先在草莓奶糊
裡擠幾滴檸檬汁，充分拌勻後倒入運轉中的機器裡，按照操作說明將義
式冰淇淋凝固成團。做好的當天就盡情享用吧！吃不完的話放個幾天也
一樣美味。

6
氣味

　　滿滿的童年回憶中，最令我印象深刻的片段幾乎都與顏色和氣味有關，這兩者經常共同形成一種模糊的聯覺。但是，許多這些回憶不只混融了不同的官能，也集結了許多一再上演的情況──近乎相同的狀況或事件日復一日層層相疊。例如，我對母親的記憶，是她每天從餐廳下班後回家時，我衝上前擁抱她，一臉埋在她的衣服裡，大口呼吸那些依附在纖維上的氣味，或是拉起她的手嗅聞前臂的內側肌膚或任何可能沾染上火烤、浸漬或煎炒食物的味道的表面。雖然母親說過有時我憑嗅覺所做的猜測準確的可怕（像是她只用手戳了幾下烏賊測試新鮮度，而我仍能直覺知道她碰過烏賊），但我不記得自己曾經如此儀式性迎接她。相反地，我記得的是門前出現母親輪廓的一排剪影，有那麼一刻，一個黑影映在午後的金黃色陽光底下，緩緩步入涼爽的客廳裡。接著，我會上前擁抱她、嗅聞她每一吋衣角與肌膚，猜測當天她煮菜時用了哪些食材，而母親會在我猜對時溫柔地輕聲讚許。

　　母親不擦任何香水，淡香水或古龍水也不碰。大多數認真看待工作的廚師都是如此，原因顯然是怕香水干擾做菜時的嗅覺。不過，除了小時候我從她的圍裙或衣物聞出的味道之外，至今仍有某些氣味會讓我想起她。事實上，其中有一些味道與她密不可分。她在我二十五歲之前一直都在擦的乳液就是一例，那是一種有機藥用配方（她現在沒擦了），標榜含有膠原蛋白與杏仁油，後來這些成分隨著當代的超級食物潮流大受歡迎。這種乳液本身不怎麼黏稠；她擠在手掌心的那一坨膏狀物，看起來就像一顆晶瑩剔透的珍珠變成了液體。每天早上洗完澡後，她都會拿乳液塗抹全身，深信這種軟膏是肌膚無與倫比的抗衰老靈丹——現在我可以證明它的確有效。

　　在我看來，這項儀式確實值得特別空出一段時間來進行（當然不會持續太久），對母親的日常生活是如此重要。在我小時候，家裡沒有蓮蓬頭，但有一個嵌在磁磚凹室裡的巨型古董浴缸，那大到我、父親與母親三個人都坐進去還綽綽有餘。大多數的早晨，我們會一起泡澡（就像八竿子打不著的波西米亞人一樣），這種共浴的習慣一直持續到我進入童年時期，讓我不禁懷疑這是否為社會所接受。無論如何，我要表達的是，家裡的浴室是一個反淋浴的空間，有鑑於母親厭惡任何吵雜、暴力、沒有效率或缺乏創意的事物，會變成這樣非常合理。我認為對她來說，洗澡無關清潔，而是在於讓身體暖和（她幾乎無時無刻都覺得冷，當然除了穿外套開車的時候——她會開到一半突然大叫，

「好熱！小芬，立刻幫我脫掉外套，就算這麼做有可能害我們出死亡車禍！」）所謂的**潮熱**在她身上已經持續了數十年，因此我認為她根本不是那種症狀，而是善變的體感在作祟。

我眼中的她——不管是泡在浴缸裡（有時我會在她出浴後直接用那缸泡沒多久的水來泡澡）或坐在馬桶蓋上跟她聊天時的角度——就像畫家提香（Titian）在一五○九年創作的《田園奏樂》（*Pastoral Concert*）裡最左邊的人物，我第一次看到這幅畫是在十歲參加校外旅行到羅浮宮參觀的時候。事實上，母親的樣子總讓我想到畫中描繪文藝復興盛期的沐浴場景或那兩名裹著亞麻布的女子，還有那白瓷般的肌膚與柔和的輪廓。洗完澡後（過程中毫不享受，純粹出於義務），她會開始塗抹乳液，整間浴室都瀰漫那些杏仁霜的味道。即使在年紀還小、身體也沒有特別差的時候，我也曾想過，如果母親擦到一半突然死了，而有人打開那瓶乳液，那股氣味可能會讓我頭暈腦脹、甚至不支倒地，跟著母親一起離開人世。幸好，現在母親已經不再擦那種東西了。

然而，奶霜般的杏仁味不是唯一一種讓我想起母親與家鄉的氣味。還有許多味道就像織物裡閃耀的絲線那樣特別突出：木柴煙燻的味道（木頭的焦味融入衣物的那種味道猶如汽油）；從後院摘下而擺在窗檯邊裝飾、帶有水氣的玫瑰——如果紫羅蘭會散發香味，應該就是那種氣味；迷迭薰香或鼠尾草精油的味道，那是房間裡感覺空氣悶濁時所需的淨化香味；大蒜在爐火上加熱但未燒焦的香氣；慢條斯理地吃完一頓飯後，黃銅燭檯上燒到只剩

一小塊的蠟燭散發的蜜蠟氣味；檸檬馬鞭草的葉子在滾水裡煮成草藥茶的微澀氣味；冬季時滿滿一盆梅爾檸檬逸散整個家裡的清香。

　　還有不同的氣味會讓我想起帕尼絲之家，其中之一是每天被數百雙腳踩踏的地毯，我小時候跟母親抱怨過無數次那種臭味，不過，一樓用餐區儘管全室都舖有地毯，仍是少數沒有輕微工業氣味的餐廳（許多餐廳瀰漫著無孔不入的油耗味或隱約散發的腐臭味，有時甚至還會飄出垃圾般的惡臭味）。帕尼絲之家也有一種火的氣味、晚上用餐區壁爐裡的柴燒味，還有食物炭烤的香

味：鵪鶉逐漸焦黃的皮肉、肥滋滋的羊腿、燒成餘燼的葡萄藤根枝；樓上雅座的老紅衫飄散出的琥珀木頭氣味、還有每張桌子上銅製燈檯裡燒灼的油味；木盆裡披薩麵糰發酵的油味；甜點櫃上薄餅酥脆表層的焦糖味。當然，餐廳裡的氣味不只這些，有些氣味其實是舌尖嘗到的味道，而有些味道則是鼻子聞到的味道，那是一個豐富的感官世界，也是一個很少會引起味覺混亂的地方——就連對一個嗅覺敏銳的孩子也是如此（這項天賦讓我的父母更感到難過與挫折，而不是驕傲）。

水果薄餅

不管加了什麼餡料，這種薄餅的氣味是最容易讓我想到帕尼絲之家的味道之一。棕褐色派皮上帶有光澤的焦糖散發陣陣香氣，還有那股氣味（其實是一種滋味）與任何加熱後幾乎煮成果醬的水果揉合後的人間美味。最終，這種交融的作用薄餅變得如此誘人與風味無窮，即便沒有特別加入創新的食材。然而，這道甜點之所以從帕尼絲之家開幕以來幾乎每晚都出現在菜單上，主要是因為做法簡單又直覺。

其中的麵糰——有時稱為「脆皮麵糰」——食譜是烹飪界的偶像雅克‧貝潘（Jacques Pépin）在帕尼絲之家開業初期傳授給員工的，即便對我們這些沒有烘焙天分的人而言，也相當容易上手。我總將這道薄餅食譜與餐廳供應的水果碗看作一體的兩面：這兩道料理都旨在凸顯當季水果的美味。雖然我喜歡單吃水果當甜點，但薄嫩的奶油麵皮裡擺上當季的鮮甜水果，烘烤至果液冒泡、餅皮焦黃，確實是一道做法十分容易、滋味又令人愉悅的餐後甜點。

　　薄餅的製作分兩階段。首先，揉好麵糰，待發酵至少一小時後再擀麵皮，將切好的水果整齊排在上面，放入烤箱烘烤。至於麵糰，倒四分之一杯冰水備用，將一杯中筋麵粉與二分之一茶匙的鹽倒在容器裡攪拌均勻，也可以視喜好加入一茶匙糖。取六大匙分量的奶油切成小丁（約零點六五公分）。將奶油放入麵糊，使用矽膠刮勺或手指攪拌，直到麵粉與一些奶油充分融合，但同時又保留一些比較大塊的奶油不與麵糰混合。（大小不規則才能讓派皮烤過之後口感酥脆。）記得動作要快，以免奶油過度融化，接著將事先備好的冰水四分之三的分量慢慢倒入麵糰裡，同時用雙手或叉子揉勻。這時，麵糰的形狀會零零碎碎的，有些部分比較濕潤成形。沒關係，重點是將麵糰搓揉成球時，力道要溫柔一點，如果太大力，烤出來的派皮就不脆了。加入麵糰裡的水不能太少，這樣等下擀成十四吋的圓形時才不會破掉；但如果水加太多，麵糰會黏稠得難以成形。等到麵糰有大部分開始結塊，便可輕輕搓成球狀。以塑膠袋包覆麵糰，然後壓平成圓盤狀。冷藏至少一小時或一個晚上。

　　冷藏過後拿出麵糰，如果冰了好幾個小時，請靜置回溫約二十分鐘。這時麵糰應該具有延展性，但又不會過軟。在麵糰表面撒上麵粉，裡面也撒一點。我喜歡在擀麵皮前先用擀麵棍將麵糰輾平。以擀麵棍來回輕拍麵糰的表面。正式擀麵皮時，從中心點開始，滾到邊緣的過程中要平均施力。每過一會兒就翻面，必要時在表面撒一點麵粉。如果有任何破洞或碎裂，可利用邊緣還沒擀均勻的麵皮來補。

　　擀成十四吋的大小與約零點三公分的厚度之後，將麵皮放到舖有烘焙紙的烤盤上。要這麼做，最簡單的方法是（但你心臟要夠強），拿起麵皮的兩端或微微對折但不要讓麵皮彼此沾黏，然後迅速移至烤盤上。舖平後，用手輕輕拂去表面上過多的麵粉（如果能用乾淨的料理用毛刷更好）。麵皮放入烤箱前須至少靜置三十分鐘（大約是準備水果所需的

時間長度），烤箱調至約攝氏兩百度預熱。

　　幾乎任何水果都可以是薄餅的餡料。必須考量的重點是糖的分量與水果出汁的程度。如果你使用莓果、大黃（rhubarb）*或杏桃，這類水果會大量出汁，因此填餡時底層可舖上由碎杏仁餅，或是一大匙麵粉、一大匙杏仁粉與兩大匙糖混合而成的麵糊。

　　依經驗來說，一塊薄餅需要準備約七百克的水果。水果處理起來越省事越好，所以李子、恐龍蛋或蘋果就不要考慮了。如果你選用莓果以外的水果，請切成約零點八公分的厚度——蘋果的話可切薄一點，杏桃（我的最愛！）則是對切就好。將水果依同心圓向外排列，麵皮邊緣預留五公分的距離。將麵皮邊緣按固定的間隔對折後再對折，捏整好折邊後向水果靠攏。邊緣塗抹奶油並撒上大量糖粉。

　　將薄餅放入烤箱最下層烘烤四十五至五十分鐘，或烤到水果軟化、派皮變成棕色微焦為止。取出薄餅，拿一把不銹鋼鏟子將它移到散熱架上，如此可避免蒸氣使餅皮變得濕軟。如果你想加點裝飾，可塗上同一種水果或味道相搭的果醬：先適度加熱到果醬呈液體狀，然後刷一點在烤過的水果表面，使其帶有光澤。蘋果皮加水、糖與檸檬汁一起燉煮，也是一種做法簡單、風味絕佳的糖汁。如果你製作餡料時削掉的蘋果皮比較厚或帶有苦味，這時就是廢物利用的大好機會。薄餅可搭配冰淇淋或打發後的鮮奶油一起趁熱享用。

---

*　蓼科大黃屬多年生草本植物的總稱，葉片呈大三角形，多為藥用；葉柄肥厚，常用於製作餡料。

7

雞湯

　　母親每到一個陌生地方就會煮雞湯。那種雞肉揉雜了月桂葉或迷迭香在滾水中逸散出來的氣味，撫慰了我的童年。要煮雞湯，當然得先有一隻雞才行，而雞肉在世界上的某些角落比其他地方還難取得，也不是隨時隨地都有。但在我記憶中，母親一踏進某個地方，就會開始燉煮雞湯。她在這種尋找歸屬感的狀態下——初到某個地方而還未安頓下來——還會做的另一道料理是回家義大利麵（見第341頁）。儘管這道義大利麵具有「回家」的意涵，但雞湯不一定得「在家」才能煮——相反地，它的用意是讓人在任何地方都有家的感覺。

　　這也是為什麼我們到了異地，例如西西里偏遠的某處，母親就會用自己發明的義大利語跟隔壁的農夫買頭部還未砍下、羽毛也一根未拔的全雞，或是在前往租屋處的途中堅持先去逛逛品質良好的肉舖。（我們抵達住處之前與一問三不知的房東的對話，往往圍繞著「當地最好的農夫市集在哪裡？」、「房子離農場多

遠？」、「想買開胃酒的話推薦去鎮上哪間酒吧？」等話題，而
不是一如對方預期地，詢問「Wi-Fi密碼是多少？」）。在我上大
學或畢業後在條件欠佳的環境浮浮沉沉的期間，母親時常來到我
的住處，從包包裡拿出一隻雞來（就像魔術師的高帽裡蹦出一隻
白兔），在我不注意時，她就已經把雞放到鍋子裡開始燉湯了，
不顧原本要外出吃晚餐的計畫。雖然我很感謝她努力讓我的住處
像家一般地溫馨，而我自己也經常在搬到新的地方或到朋友家長
住時煮一鍋雞湯，但我得承認，清湯的氣味不是每次都那麼宜

人，尤其當租屋處是沒有走廊的狹長公寓，而廚房位在四面無窗的客廳的一個小角落時——燉煮時冒出的煙霧只能經由**臥室**排散。高湯與雞肉在沒有排煙設備的廚房裡高溫滾煮的味道，使我（還有法國籍的前男友）發明了「被雞肉**轟**炸」（to be pouleted，poulet 在法文裡意指「雞肉」）的說法，譬如「我昨晚被雞肉**轟**炸了，但那真是我吃過最美味的雞了！」

煮雞湯可以有許多理由，尤其是當你烤了一隻雞來吃，想利用剩下的骨頭來做些好料的時候。燉煮高湯（將它們裝入容器冰在冷凍庫），是我家在儲備糧食這件事上最重要的動作之一。家裡的冷凍庫除了高湯之外沒放什麼東西。有時我回家探親待久一點，會發現冷凍庫的角落有一小袋結霜的莓果（那是要給我打果昔用的），除此之外，大部分的空間都用來擺放好幾包重複使用、裝滿高湯而鼓脹的密封袋。每一包都有母親潦草寫下的標示（她的筆跡是很久以前上書法課與長期拿麥克筆隨意書寫而養成的）：「野鴨，**味道鮮美**，12 月 23 日」；「火雞，11 月 23 日，1月 10 日前用完」；「雞，9 月 15 日，???」等。

雞湯是許多料理的基礎材料，可用來增添馬鈴薯泥的風味、讓感恩節火雞的內餡變得濕潤美味，或作為各種醬料或湯品的基底，包含母親最療癒人心的蒜味湯麵（見第 72 頁），但我一向認為，雞湯是燉飯最不可或缺的元素。聽來也許自視甚高，但如果手邊沒有家裡做的美味高湯，我絕對不做燉飯。沒錯，如果加的食材夠多，便可以蓋過米粒與濕軟汁糊的味道，但我從小被母親

灌輸的觀念是，只用米飯與高湯也能做出美味的燉飯——高湯越鮮甜，燉飯就越好吃。我家的燉飯也比市面上多數的燉飯來得鬆軟多汁，有時比較像是加了一些耐嚼米粒的濃湯，而不是許多餐廳供應的那種充滿起司奶味的稠粥。不要誤會了，我其實對燉飯情有獨鍾（英格蘭多數不怎麼樣的酒吧裡，不知為何都有供應甜菜根做成的燉飯），但我父親煮的燉飯真的很特別，與一般截然不同。

為了做「爸爸的燉飯」——這是我父親可以全權掌握、或我那囉哩八嗦的母親不會出手干預的少數料理之一——餐桌上任何吃剩的家禽骨頭都會被蒐集起來，熬煮成家常煲湯。母親時常在吃過晚飯後熬夜燉煮高湯，我則在湯汁煮滾時飄出的濃郁雞肉香氣中進入夢鄉。那種氣味當然層次豐富，因為鍋子裡總是加了各式各樣的食材：芹菜、洋蔥、紅蘿蔔、一整顆橫切的蒜頭、從後院現摘的月桂葉、杜松子、黑胡椒、百里香，還有氣味刺鼻、多莖耐寒的巴西里。如此煮成的燉飯美味極了，值得讓人在一個星期的開始吃掉一整隻雞，好拿剩下的骨頭來煮高湯，如此就有藉口慫恿父親做這道菜。然而，在我吵著要吃燉飯的無數次回憶中，有那麼一次的滋味美妙無比，讓我與母親至今仍念念不忘。

那道燉飯可追溯至五、六年前一群久別重逢的夢幻組合共度的一頓午餐。由於這群人的友誼隨著父母在我十三歲時離異而有所變動，因此我的母親、父親、鮑伯、鮑伯的伴侶東尼（Tony），還有鮑伯的前女友蘇（Sue）五個人很難得有機會齊聚

一堂。鮑伯與蘇在我小時候曾交往數年，因此蘇經常是我們全家出外度假時的「第五顆輪子」——或者我才是那第五顆輪子？無論如何，她成了我們家不可或缺的一名成員，對我而言就像家人一樣親。蘇（說她是我有別於傳統的監護人組合中的「第四個家長」，再貼切不過了）與兔女郎潔西卡（Jessica Rabbit），是我小時候塗鴉時最常畫的對象，也是為什麼還未成年的我會在某些夜晚穿上蘇寬鬆的九〇年代西裝外套「裝大人」，跑遍洛杉磯的喜劇俱樂部，一邊啜飲雪莉登波（Shirley Temples）、一邊享受她妙語如珠的表演（她在我十幾歲時是當紅的單口喜劇演員）。雖然鮑伯大約在我父母離婚那陣子開始與東尼（他們一直都認識）交往，但蘇與鮑伯依然是知心好友。我們都同意，東尼是我們之中廚藝最好的一位，也是我認識唯一一個跟我一樣對大蒜與苦菜著迷不已的人。這五個人構成了我家的核心，也都因為將我視為「共同的女兒」而聚在一起。儘管青春期的我起初因為父母感情的變化大受打擊，但我很幸運能體會，「家庭」的定義可以超越血緣的限制，以意料之外且往往美好動人的方式無限擴展與蛻變。

　　回到燉飯這件事。不久前，母親確診患有某種嚴重、但可治癒的疾病，我從倫敦回家陪她度過手術與術後修復期。在我認識的所有人之中，母親是最無法斷食的一個，即使一餐不吃也不行；幾個小時沒進食的話，她就會宣稱自己（完全未經醫學證實）有「血糖危機」。由於手術需要全身麻醉，因此她在手術前

必須空腹二十四小時。這對她無疑是精神與生理的雙重折磨。在那段期間，她理智地反對這項手術的先決條件，認為這「不可能有必要」。不出所料，她動完手術返家後，立刻將醫生的指示全拋在腦後，大啖牛排與薯條。結果不妙；鎮靜劑的作用導致她胃部劇烈疼痛，嚴重到需要回醫院掛急診。直到一週內進了兩次醫院之後，她才開始認真看待重新攝取特定食物這件事。

到了那時，我在家已經待了數個月，再過幾天就要回倫敦。我們邀父親**來家裡**做午餐——姑且不論東尼的加入，這就是我年少時心目中家庭的模樣。儘管我們彼此有過摩擦，但這頓飯以最寬容與和平相處的方式展開。每個人都盡了一份心力，互相幫忙備料，以完美編排的方式互動。於是，最美味的燉飯誕生了：撒滿黑松露與蕁麻，在父親利用母親有生以來煲過最好喝的高湯（以野鴨與感恩節吃剩的肥美鵝骨熬成）煮到微軟又帶有嚼勁的絕佳狀態，再鋪上東尼完美烘烤的雞胸肉片，那晶瑩剔透的米飯黏得恰到好處。我上飛機的幾小時前，四個人坐在一起邊喝著紅酒、邊享用美食，心中對這頓飯的圓滿句點充滿了感激。

雞湯（與烤雞）

首先我的建議是，購買能力範圍內最優質的有機、自由放養的雞禽。雞肉的品質在很大程度上會影響雞湯的味道。此外，我很少單純為了煮高湯而買全雞，除非我需要為了感恩節這類的大餐準備海量高湯。

我通常會吃烤雞當晚餐，將所有吃剩的骨頭冷藏保存，等隔天早上有時間再熬湯。

　　接著來介紹歷久不衰的烤雞食譜。我學會如何高溫烘烤雞肉後就回不去了。雖然這是我做過最簡單的料理之一，但也是朋友最捧場的菜餚之一。首先以大量鹽巴醃製雞肉（最好前一天就醃，或是要烤的幾小時前開始醃），並挖除雞腔內富含脂肪的內臟。如果全雞原本冰在冷凍庫裡，請事先取出解凍。將烤箱調至攝氏兩百六十度或沒多久便可達到炙烤的溫度。取兩根韭蔥洗淨，切除深綠色部分，縱向切半後再切成每段約五到十公分長。鍋裡下少許橄欖油與百里香葉（手邊有的話），丟入韭白拌炒，之後倒在烤盤上鋪平（用大小剛好裝得下整隻雞的鑄鐵烤盤更好）。雞的表面撒上黑胡椒粒、雞腔塞入一顆切半的檸檬、幾顆未剝皮的蒜頭與幾株百里香，然後將整隻雞放在鋪平的韭白上面。烘烤的過程中，韭白會融化——近乎油封——在雞汁中，變成最鮮甜可口的配料。十多年前我第一次有機會嘗試這道菜，結果一吃就愛上浸滿雞汁的韭蔥，從那之後我吃烤雞幾乎都會配上這味。

　　將整隻雞放入已預熱烤箱的中間位置。若想封住外皮的油脂與保有水分，請以攝氏兩百六十度烘烤至少十五至二十分鐘，即使烤箱熱到微微冒煙。當然，我也因此引發過無數次火警，頻率多到一些朋友都戲稱這道菜是「火警雞」。有次我念大學時為一位朋友準備生日大餐，煮菜時沒能及時關掉煙霧偵測器，結果有兩名紐哈芬市（New Haven）的消防員趕到我的公寓，急忙破門與部署水管和其他救火裝備，到處尋找起火點。幸好，他們人很親切，查明真相後仍好聲好氣地重新裝設警鈴，還跟生日蛋糕合照，開玩笑地拿斧頭作勢要切蛋糕。總之，烤雞爆汁後，記得將溫度調低到約攝氏兩百至兩百三十度，續烤四十五到六十分鐘（小隻的烤四十五分鐘，大隻的最多烤一個半小時）。二十分鐘後，

將整隻雞翻面再烤二十分鐘，等底部變成焦黃色後再翻正進行最後的烘烤。如果雞比較大隻，我會這麼做，但我一般不覺得翻面這個動作有必要。拿一把銳利的刀由上往下刺穿雞大腿肉最厚的部位，如果流出清湯（如果帶有血水就繼續烤），而且用手輕輕搖動雞腿尾端時感覺骨頭可輕易分離，就代表烤好了。烤雞靜置十到二十分鐘後便可切開，搭配韭蔥一起享用。

　　如果我買全雞主要是為了做高湯的話，就會學母親那樣，將雞胸部位切下來調味醃製，之後再煮來吃（譬如赫比炙烤雞胸肉午餐三明治，見第81頁）。如果家裡的刀子銳利，要從肋骨部位切下雞胸肉並不難，但你也可以請肉販代勞。將全雞（切除雞胸）放入大湯鍋中，倒大量冷水開大火煮滾。等待水滾的同時可處理蔬菜。準備一顆帶皮洋蔥、一根韭蔥（白色和綠色部分都留著）、幾根未削皮的紅蘿蔔、兩根芹菜與一小撮茴香，徹底洗淨並切成適度大小。

　　水滾後，拿杓子或湯匙撈除表面的浮沫。加入切好的蔬菜，轉至文火。取一顆蒜頭剝掉外皮，橫切成兩半丟入湯裡。加幾片月桂葉、一小撮巴西里、幾株百里香、少許黑胡椒、幾撮乾茴香籽、少許五香粉與乾杜松子。（你也可以只用一隻全雞加一顆洋蔥和一些鹽巴煮高湯，其他這些調味料不是非加不可，只是會讓味道更豐富。在這方面我不嫌麻煩：以辛香料調味的高湯更有層次、可讓燉飯更美味。）加入香料後用湯匙攪拌入味。以文火燉煮高湯約兩小時，最多不要超過三小時（骨頭煮太久會讓湯汁變得混濁）。煮一小時後，高湯會開始散發香味。這時可試一下味道看看好了沒；如果繼續煮，味道會隨著湯汁的蒸發而更加濃郁。煮好後關火，靜置直到完全冷卻；用細網篩過濾高湯。趁早使用，冷藏最多保存四天，或冷凍以備日後料理用（如燉飯）。

媽媽蒜味湯麵

如果想煮出一碗簡單又撫慰人心——就像母親在我生病時做的那種（說真的，全天下的媽媽都是這樣）——的湯麵，除了雞高湯之外你只需要再準備一顆蒜頭、一些乾的義大利麵條與一束巴西里。母親總說，「大蒜的功用跟十位媽媽一樣強大」，這句話無疑在她看了萊絲‧布蘭克（Les Blank）在一九八〇年拍的同名紀錄片後烙印於心（她與帕尼絲之家在片中戲份吃重）。《大蒜的功用跟十位媽媽一樣強大》（Garlic Is as Good as Ten Mothers）這部電影的用意是向料理中最不可或缺的蒜頭致敬，以一鏡到底的手法拍攝帕尼絲之家為一年一度的大蒜節〔Fête de l'Ail，七月十四日，也是巴士底日（Bastille Day，為法國國慶日）〕準備料理的過程。然而，母親將嗜吃大蒜的癖好帶進了家庭，因此餐桌上的菜餚在烹調時幾乎都有用上至少半顆或一整顆蒜頭。每當廚房裡沒有一籃飽滿新鮮的蒜頭，我就會感到微微焦慮——蒜頭沒了，往往比衛生紙用完更令我恐慌。

如果想做最簡單的二到四人份的版本，可倒一鍋雞高湯以文火加熱，加入一或兩碗熟麵條、一顆切末的蒜頭與一束剁碎的巴西里，煮到蒜頭變白、所有食材的味道都融合即可。當然，你也可以變一點花樣。一個選項是加入水煮雞肉。做法為在鍋裡倒入一些雞高湯，加入一塊雞胸或一支雞腿小火煨煮直到熟透軟嫩，接著將雞肉取出切絲，再丟入那鍋煮熟的麵條、蒜頭和香料。你還可以加入精心製作的調味蔬菜（事先備妥）：將一根去皮的紅蘿蔔、一根芹菜、一顆洋蔥、一小根去皮的歐洲防風草、少許球莖茴香與幾瓣蒜頭切丁，開中火，厚底煎鍋倒入橄欖油後一起拌炒直到食材散發香味且呈半透明狀。接著，將炒好的蔬菜連同熟麵條、雞肉絲、現剁的蒜末與巴西里（甚至再加一些切碎的醃黃瓜）一起燉煮，配大蒜麵包一起吃（見第83頁）。

8
沙拉

　　我原本想簡單帶過沙拉的部分，在書中這裡提一點、那裡提一點，安插在其他敘述更豐富的故事裡，但在某個時間點我不得不承認，應該特別為沙拉空出一個章節的篇幅。畢竟，我的母親每次被問到最愛的食物時都會說沙拉。可能是因為遺傳或從小耳濡目染的關係，我被問到同一個問題時也會這樣回答。這也一直是她對兒時的我的主要評價；每當有人問到家裡的孩子喜歡吃什麼菜，她都會備感欣慰地說，「還好我有一個愛吃沙拉的孩子」。

　　每次我們到「沙拉沙漠」（例如墨西哥或日本）旅遊時，都很難適應飲食少了沙拉這道菜。我們吃的也許是地球上最美味的食物，但過了四天完全沒有膳食纖維的生活後，我們叫苦連天、開始討論起心中對田園沙拉止不住的渴望，彷彿這是一則政治意義重大的新聞。順帶一提，**田園沙拉**也是母親在國內或國外的餐廳說過無數次的一個詞，每次她看到菜單上明顯沒有這道料理，都會問，「請問你們有供應**田園沙拉**嗎？」「抱歉，女士，您說

什麼料理？」「噢，就是幾片葉菜佐油醋的那種沙拉，有嗎？」這個天真的請求時常換來服務生的一臉困惑（有誰會特地跑到餐廳吃沙拉？），或者——更糟的是——一盤切碎的冰山萵苣撒上烤到乾枯的紅蘿蔔碎末再加幾片過季的爛番茄。例如，不久前我們到西西里旅行發現，雖然附近的蔬菜市集裡每個攤位都擺滿各式各樣的蔬菜，但高檔餐廳裡連一棵萵苣也沒有。

儘管如此，即使面對餐廳再怎麼令人失望的回應，也阻擋不了母親對沙拉的渴望；不管菜單上有沒有，點一份沙拉，成了她對餐廳的一種決定性測試。但是，她這麼做，不是因為想整餐廳主廚，而只是真的**想吃沙拉**！如果餐廳有辦法端出一盤鮮脆美味的葉菜佐不含巴薩米克醋的適量醬汁，那就算其他料理吃起來不怎麼樣，它在我們心目中的地位仍會瞬間飆升。我想，這正是帕尼絲之家的菜單上始終有沙拉這道菜的原因之一。沙拉不僅是母親造訪其他餐廳時最渴望吃到的料理，也是帕尼絲之家最直接傳達其核心價值觀的一種方式。即便是菜單上最不起眼的一道料理也有其特別之處：出自鮑伯·卡納德（Bob Cannard，可說是北美最優良的農夫）之手的大量葉菜搭配少許酸得恰恰好的經典油醋……而且只賣十美元！每次我們到餐廳的一樓用餐，廚師們都知道除了套餐的主餐之外，還得準備特大份沙拉。在我們開始盡情享用鵪鶉的幾分鐘後，一碗利用剩下的備用葉菜做出的美麗沙拉會準時送到我們的桌上。這向來是我們吃飯時最喜愛的時刻。

　　雖然沙拉是帕尼絲之家二樓咖啡廳菜單的固定餐點，但我們大多時候都在家裡吃沙拉——準備萵苣製作沙拉是一項高度儀式化的行為。我記得小時候家裡**有過**一台蔬菜脫水器，但它受到了某種程度的輕視，印象中很少派上用場。相反地，母親會拿一個大碗放在面積更大的銅製流理台的中央，一旁則是一個有底座的大濾盆（從某個跳蚤市場挖來的）。若想充分去除萵苣葉片上的污泥，不能只是沖洗而已，還需要浸泡一段時間，否則會殘留沙粒——沒有比沙拉吃到一半嘴裡咬到沙子更糟的事了。如果你家有（乾淨的）流理台，那麼清洗萵苣最簡單的方法就是堵住出水

孔，直接把流理台當作水盆，不過，裝在大碗裡清洗也可以。

等萵苣浸得夠久了（水換過一、兩次，視菜葉有多髒而定），母親便會把它移到濾盆瀝乾，在整張砧板桌上鋪滿廚房紙巾，將萵苣一片片平放在上面，然後再疊一層紙巾。接下來是我最愛的步驟——將每一個由紙巾與萵苣夾成的「三明治」捲起來，使萵苣看起來就像肉桂和糖粉做成的餐包。之後，這個被兒時的我叫作沙拉寶寶的東西會被溫柔地放進冰箱，等著在用餐期間客串演出（向來是在一頓飯接近尾聲時上場）。在冰箱裡，廚房紙巾會吸收萵苣殘留的水分，低溫則能確保葉片的清脆口感。油醋最大的敵人莫過於濕軟的葉菜，而這個需要耐心的做法是確保蔬菜乾爽的不二法門。

雖然我在母親家都這麼做，而且發現這個方法在需要清洗大量蔬菜時非常管用，但我不是一個偏執的傳統主義者：我買了一台活氧功能的蔬菜脫水器，還經常使用它。我甚至會送家裡廚房的設備看來有所不足的朋友這種實用的工具。有次我成功說服一位常讓我去他家煮菜的朋友進行一筆「交易」：只要他買一台好用的蔬菜脫水器，我就出錢請他看門票有如天價、他期盼已久的演唱會。我認為這對他而言不管怎樣都有好處。說到家裡沒有蔬菜脫水器這件事，英國人通常是箇中翹楚，但原因純粹是英國賣的農產品幾乎都隔著一層塑膠罩展示。去逛超市時，你如果想拿起某個東西聞一聞或摸一摸，一定會面臨強化塑膠隔板的阻礙。萵苣裝在消毒過的真空袋裡販售是常態，因此英國人沒有那種將

萵苣層層剝開、徹底清洗以去除附著在葉片上的沙粒（及弄乾葉菜）的觀念。即使袋裝萵苣沒有事先洗過，英國人似乎也總是不假思索地拆封就直接放到碗裡上桌。我在當地住過的每一個分租公寓裡都留下了一台蔬菜脫水器（還有電動脫水器）。

我愛吃沙拉到許多朋友說到我的廚藝，最先想到的就是這道菜，這也是我交往過的某些伴侶到最後略有怨言的一點，因為，任何來我家吃過飯的人都知道，我抓不準「正確的」沙拉份量，**總是**做得太多。我經常準備比一般份量多出三倍的沙拉，而由於沙拉調製後就不能放，所以隨之而來的是朋友們口耳相傳的「芬妮的沙拉煉獄」，我會強迫來作客的大家（還有我自己）分完剩下的沙拉，直到每個人起初開心享用的一道菜成了一種折磨為止。我很難不把自己對萵苣的渴望投射在其他人身上，但我承認，不是每個人從小都跟著嗜吃**田園沙拉**的母親長大。

9
飯盒

　　我在十到十一歲快上中學的那段期間，帶到學校的飯盒菜色從還算正常（不是花生醬香蕉三明治，就是芹菜配杏仁奶油加葡萄乾——另類的「螞蟻上樹」）變成瘋狂至極的廚藝秀。現在回想起來，這可能與我的父母大約在那時離婚有關，但從小孩的角度看來，我以為母親只是**熱中於**做便當這件事。離婚後父親很快就談起另一段感情；母親則**狂熱地**一頭栽進飯盒的世界。

　　我原本用來裝飯盒的棕色紙袋被丟了，取而代之的是一個礙眼到不行的保溫袋，老實說我很訝異，母親把飯盒放進去的同時居然能夠忍受那樣醜陋的外表。這充分顯現了母親對於某些食物必須低溫保存的執著，因此她才會容許一個不見任何塑膠、金屬或其他在工業革命後發明的原料製品的廚房，出現這個紅色人造纖維的隔熱袋。我得承認，從中學到離家念大學這段期間，我用過不只一個保溫袋；每過幾個星期我就會搞丟這該死的東西。它很占空間，而且醜死了！由於裡面還會放冰袋、「特百惠」

（Tupperware）的塑膠容器與銀製餐具，因此它就跟週末出外旅行會帶的那種隨身行李袋一樣重。我想，母親從帕尼絲之家同一條街上的朗斯藥房（Longs Drugs）買的東西大概就只有那些飯盒了。我記得有天晚上我們順路開到賣場的停車場：她甚至懶得下車，只拿了二十塊給我並交代，「這次買三個！我不想再開車過來買了。」

　　基於顯而易見的原因，記者與母親的粉絲對我求學時帶到學校的飯盒有哪些菜色很感興趣。這是可以理解的，畢竟我們在說的是一個終生致力推動讓美國所有學童都享有免費營養午餐的女

人所養大的孩子。儘管如此,那些飯盒確實不得了,那是一個極其認真看待母親這個角色的女人全心全意付出的成果。

我的午餐與其說有不同的菜色,倒不如說是分成好幾個部分。其中有一個體積頗大的容器裝沙拉、一個中型容器裝大蒜麵包(塗了橄欖油與大蒜醬的老麵吐司)、另一個容器裝當季水果醃製的蜜餞或蔬果什錦,還有一個小罐子裝油醋(我和母親都知道沙拉事先調味會不好吃)。如果她不確定我會不會愛上鰻魚,前一晚就會做這種醬料(我小時候很討厭鰻魚的味道,只在有其他食材蓋過那種腥味的情況下才吃),她還會附上另一種醬料並寫一張紙條解釋:「我知道你討厭鰻魚,但試試看嘛!你也許會喜歡!**萬一**不喜歡,我有幫你準備平常吃的油醋。愛你,媽。」

鰻魚油醋

取研磨缽和杵或日式研缽,放入一大瓣蒜頭與一大撮海鹽搗碎。清洗一尾鹽漬或油漬鰻魚並去骨,切一塊魚柳放入研磨缽(如果你喜歡口味重一點,可以多放一塊)。將鰻魚連同蒜頭磨成泥狀,加入一茶匙檸檬汁與一茶匙香檳或白酒醋。讓這些食材在研磨缽裡浸漬數分鐘。倒入幾大匙特級初榨橄欖油(油酸比例約二比一),拿叉子拌勻,加入大量現磨胡椒粉。如果想做更有凱薩風味的醬汁,可加一大匙帕瑪森起司粉。只要不說這道醬汁裡有鰻魚,相信多數的孩子都會喜歡吃的。

赫比炙烤雞胸肉午餐三明治

　　這種三明治是母親每隔一週就會為我準備的午餐，是我在九〇年代晚期每天輪換的各種飯盒中最喜歡的菜色。念高中時，我每天都得趕在早上七點前抵達北柏克萊巴特（North Berkeley BART）車站，才來得及在八點前到舊金山上課。我很確定母親之所以做這種三明治，至少有一部分是因為捶打雞胸肉以便醃製入味的聲音，總能把我吵醒。如果你打算做這道菜帶便當，可以前一晚製作後冷藏備用。做蒜味蛋黃醬也是一樣，因為從頭做起——即便是對多數的烹飪專家與自認廚藝有一定水準的一般人而言——是相當耗時與惱人的一件事。不過，即使你對蒜味蛋黃醬的製作不太有把握，我仍建議搭配這道三明治試一次看看——蒜味蛋黃醬能讓任何東西的美味無限加乘。如果你擔心意猶未盡，我保證剩下的蛋黃醬絕對夠吃（冷藏可保存好幾天）。

　　製作蒜味蛋黃醬，首先拿一顆雞蛋置於室溫（若趕時間也可浸泡溫水十分鐘）。研磨缽裡放兩瓣蒜頭，加一撮鹽巴搗成泥。雞蛋只取蛋黃放入中等大小的鐵碗，蛋白另外裝起來備用。將一半的蒜泥倒進蛋黃裡，攪拌均勻。準備一量杯的優質橄欖油，不是特級初榨也行。一邊攪拌，一邊慢慢將油滴入蛋黃裡，持續如此直到倒完前四分之一杯的量，好讓蛋黃充分吸收油脂、質地變稠且顏色變深。如果蛋黃濃稠到難以攪拌，可加幾滴溫水稀釋。接著繼續倒入橄欖油，直到整杯油都與蛋液充分融合為止，視稠度酌量加水稀釋。加幾滴檸檬汁或香檳醋試試味道，或者再加一些鹽巴或蒜泥。做好之後如不立即使用，請封蓋冷藏。

　　一塊雞胸的量足以製作一大份或兩份中等大小的三明治。雞胸去皮，如果肉有帶骨，以利刃切除。將原本有皮的那面朝下，切下雞柳部位——雞胸內側的一小塊肉備用。以利刃分別從兩邊斜切右側的整塊雞

胸，其部位介於脊椎與側邊之間。刀鋒切入時應該呈約四十五度角，深至雞胸後側距離砧板約零點八公分時停住。重複同樣的動作切除左側的雞胸。取下切完後呈蝴蝶形狀的雞胸肉。這種切法可讓雞胸在捶打時更平整，也更省力。

　　以烘焙紙或保鮮膜包裹雞胸，使用光滑的木槌或任何平整的重物（譬如小型鑄鐵煎鍋）捶打，直到雞胸呈零點六公分的厚度。保持適中的速度與力道，以免雞胸變得碎爛。等厚度大致均勻後，去除保鮮膜或烘焙紙，將雞胸放在盤子上。以鹽與胡椒調味後靜置於一旁，開始調製香料。我個人偏好氣味較淡的香料，混合一大匙剁碎的巴西里與一茶匙碎墨角蘭葉，即可調出鮮美滋味。如果正值冬季，少許迷迭香加巴西里是不錯的替代選擇。若雞胸肉在醃製時出水，以紙巾擦乾，接著在兩面均勻抹上香料。

　　取一長柄平底煎鍋以中火加熱數分鐘。放少許油煎雞胸肉，兩到三分鐘後翻面，一樣煎兩到三分鐘或等到熟透後起鍋，靜置備用。

　　烤兩片鄉村老麵發酵而成的麵包或類似佛卡夏的比安卡披薩（pizza bianca）。兩面都塗上切好的蒜瓣與厚厚一層蒜味蛋黃醬。一片吐司放上煎好的雞肉，再疊上以少許檸檬汁和一小撮鹽調味的芝麻葉，然後蓋上另一片吐司。

　　帶便當的話，務必讓抹了醬的吐司和雞肉完全冷卻，芝麻葉也不要事先調味，如此便可確保三明治放到中午仍不會走味。如果沒有蒜味蛋黃醬，在吐司兩面簡單塗上蒜末並滴上品質良好的橄欖油也很美味（事實上，這是我們家一直以來唯一會出現的「大蒜麵包」）。假如你不想吃麵包，不管加不加蒜味蛋黃醬，雞胸肉配上調味清淡的沙拉也是很棒的一餐。

大蒜麵包

　　另一種可作為飯盒主食的是做法非常簡單的大蒜麵包,這種食物在我家隨處可見,幾乎每餐都有。雖然做法簡單到不行,仍能讓外行人感到驚艷,甚至讓我讀高中時在學生餐廳人緣超好——從各方面來看,情況應該要完全相反才對。每個人都想分一口我的午餐。做法是選自己喜歡的麵包切片(我們家習慣用頂點麵包店賣的裸麥酸酵母麵包),每片厚度約一點三公分厚。烘烤到麵包呈焦黃色,然後立刻塗抹半片蒜瓣,淋上大量的特級初榨橄欖油,再撒一點海鹽即大功告成。

蔬果什錦沙拉

　　蔬果什錦沙拉(或水果沙拉)不時出現在我的飯盒中,但也是我家餐桌上常見的一道甜點。人們從來不覺得想在飯後吃水果沙拉,直到嘗試了才愛上,他們往往會發現,水果沙拉味美且令人極為滿足,完全可以取代厚重膩口的甜點。水果沙拉要可口,最重要的元素當然是水果,而當季盛產的水果一向是最佳選擇。最美味的沙拉食材是夏季的水果,質地軟嫩的水果在這個季節大獲豐收。在冬季,我會將血橙、葡萄柚、橘子及柚子切塊,做成柑橘什錦沙拉。沙拉裡有各種顏色的水果總是好的(例如粉色與白色的葡萄柚,或臍柑與血橙,每一種都是市面上最賞心悅目的水果)。有時我會偷吃步,加入百香果肉(反正百香果沒有特定的產季吧?!誰知道!)讓沙拉濕潤一些。同樣地,加點檸檬皮與檸檬汁可催化水果出汁,讓各種汁液互相融合。汁液是關鍵。這道甜點正是因為鮮美多汁,才讓人感覺比一碗單純切塊的水果來得特別。

　　前陣子在邦多(Bandol),我跟母親去拜訪住在南法唐皮耶酒莊

（Domaine Tempier）的露露・佩羅（Lulu Peyraud），我從她家的果樹採了一籃枇杷（法文作「néflier」）。露露瞪了我一眼——她視枇杷為次級水果，只在物資稀缺的戰爭時期才吃。然而我堅持這麼做，打算拿它們來做檸檬枇杷水果沙拉，將它們仔細剝皮、去籽並切成新月狀。我很少加任何糖類來調味，但使用酸度較高的水果，有必要加點甜味。枇杷完全需要用蜂蜜調味（如同甜度沒那麼高的莓果），但你選擇的味道（不要太過特別的）可以讓這種水果的滋味更加飽滿。連露露也同意我的看法。

這裡分享幾個祕訣：草莓加一點檸檬汁特別美味，也可以用少許搗碎的玫瑰天竺葵或新鮮的檸檬馬鞭草來浸漬（上桌前去掉這些葉草）。如果使用的草莓沒那麼鮮甜，我會多買五百五十毫升的量煮成果醬，跟切好的新鮮草莓混在一起。如果還需要提味，可加入一、兩大匙的上等玫瑰糖漿。很多人不知道，草莓其實屬薔薇科（Rosaceae），我想這兩種味道會如此相搭，跟這點脫不了關係。做草莓水果沙拉當甜點時，我喜歡挖滿滿一大匙軟綿微甜、散發玫瑰香氣的打發鮮奶油放在上面。在「盛夏」時節，我會用滾水沖燙成熟的桃子後去皮、切成新月狀，再倒一點來自南法的威尼斯彭姆甜白酒（Beaumes-de-Venise）浸漬，或擠一些檸檬汁與幾滴黑莓糖漿拌勻。

有次我父母兩人到外地度假一週，留了一張行為守則給十一歲的我，其中有些規定直截了當（「功課沒寫完不准看電視」），有些則細碎繁瑣（「租的錄影帶必須是『有意義』的片子」），但真正的重點是關於準備午餐的一長串指示。這張表示利用早期的個人電腦所打成與列印。當時我們家沒有電腦；事實上，我甚至

行為守則

1. 晚上九點半到早上九點半不能打電話給我們

2. 每天都要整理書桌與鋪床（檢查）

3. 通電話之前要寫完作業（檢查）

4. 下午吃健康的點心，一週有一天除外

5. 芬妮必須準時到家——務必掌握她去哪裡及與誰同行，記下對方的電話號碼
   〔不准她去電報街（Telegraph Avenue）〕

6. 平日不能看電視，假日限制時間

7. 影片必須經過篩選——租的錄影帶必須是「有意義」的片子

8. 要對長輩與老師有禮貌

9. 芬妮平日必須在晚上九點半至十點間上床睡覺，早上七點起床

飲食

皮坎蒂（Picante）——使用家庭卡消費
帕尼絲之家——下午四點半打電話跟咖啡廳領班預定（電話號碼5485049）
柏克萊天然食品〔在吉爾曼街（Gilman）〕
斯特洛斯（Strauss）脫脂牛奶
特選的有機蔬菜與水果
低脂茅屋起司

早餐

不要太甜	燕麥粥
她喜歡吃：半顆葡萄柚	吐司水波蛋
飯配太陽蛋	柳橙汁
麥片配香蕉	香蕉牛奶

午餐

沙拉	蘋果醬	大蒜吐司	紅酒醋
康納凱農場（Kona Kai）的萵苣	奇異果柳橙汁	火腿三明治吐司	
紅蘿蔔	切片柳橙	吃剩的披薩	
蘿蔔	低脂茅屋起司	帕尼絲之家的披薩	
酪梨		玉米片	
黃瓜			

不知道母親會打字，直到十年前看顧我的褓姆在我過二十一歲生日時把這張表送給我。儘管文字格式清楚明瞭，上頭還畫了特百惠容器大小的示意圖。在每個小容器（以驚人的精準視角呈現）下方，母親還煞費苦心地仔細列出建議菜色。假如我在起初當褓姆時收到這麼一張指示，也會好好保存下來，等到孩子步入重要的成長階段當作禮物送給他，並附上紙條寫道：「你的母親**非常**關心你的午餐。」

　　我討厭那個肩帶又粗又短的保溫袋，那讓我看起來像是要去參加某種露營員工旅遊，我也經常將那種東西忘在每天搭去高中的公車或火車上，但我**愛死了**裡面裝的午餐。我非但沒有因為是別人口中「那個每天都帶媽媽準備、跟公事包一樣大的飯盒的怪胎」而遭到排擠，反倒在午餐時間相當受到同學歡迎。朋友們會吵著要分幾口大蒜麵包、硬是從沙拉裡拿幾塊紅蘿蔔捲，或是看到飯盒裡出現當季第一批香氣醉人的瑪哈草莓（Mara des Bois）求我割捨一顆。某些日子裡，如果母親剛好有到後院採摘香草，便會摘一些芬芳的花朵、一朵梅爾檸檬花、幾片玫瑰花蕾、些許檸檬香蜂草，並將這些花草綁成她所謂的花束──這個氣味無比清香的小花束讓我的塑膠保溫袋變得不只是容器，更是一座春意盎然的花園或巴黎調香師的香水架。這些飯盒絕非普通的學校午餐。然而，我不認為它們是無法複製的。只要有心，任何飯盒製造商都可以將平凡無奇的午餐變成方便攜帶的美食。

飯盒花束

　　如果你家有後院、住在百花盛開的公園附近，或者家裡的窗檯上擺了幾盆植物，都能輕易綁出一個特別又鼓舞人心的小花束，送給朋友、孩子或自己，放進飯盒袋中。沒有一件事能比不時聞到花草的芬芳，更能讓一天的開始充滿期待了。就我所知，花束的發明可追溯至沐浴的習慣還不常見、城市裡還沒有現代配管與一般基礎設施而瀰漫悶臭氣味的時代（約十七世紀）。因此，人們喜歡在頭上配戴一小束芳香的花草，以掩蓋空氣中的臭味。當然，一朵盛開的玫瑰就能發揮作用，但我更愛顏色翠綠、泥土氣味重一些的植物，像是黑角蘭、奧勒岡草（又名牛至）、獨活草、馬鞭草、薄荷、玫瑰天竺葵與迷迭香。此外，沒有植物的氣味比橙花更清香了；如果你在花束裡加入一枝，旁人肯定會想與你共進午餐。

10
派特的薄煎餅

外公與外婆在我母親念高中時從紐澤西（經由印第安那州）移居洛杉磯，之後在六〇年代晚期又從南加州搬到了柏克萊。等到我終於出生時（我想他們應該早就放棄抱孫子了，直到我父親在最後一刻突然出現），他們已經到了該安享晚年的那種年紀。也就是說，從七十歲一直到九十一歲辭世的這段期間，我的外祖父母就是大家所謂的老年人。然而，他們精力充沛，儘管已不年輕，但仍積極參與我的童年生活。我在他們坐落於柏克萊山（Berkeley Hills）的世紀中期房屋住過很長一段時間，在那裡生活得怡然自得，甚至對屋子大大小小的奇特之處瞭若指掌，例如，後院露臺的階梯磚頭鬆落，讓人一不小心就會摔個狗吃屎；外婆每晚會在臉上塗抹氣味令人安心的諾澤瑪（Noxema）冷霜，再用濕毛巾擦掉；每一件家具的布料都是七〇年代質地粗糙又有點扎人的織物；在炙熱的下午從客廳寬大的觀景窗望出去，可見景色壯觀的銀灣；金門大橋（Golden Gate Bridge）上方的

卷雲宛如馬兒奔馳之際尾巴隨風飛揚而結成亂麻，這時外婆會提起畫筆，在業餘的水彩畫中描繪日落時分淡橘色的動人雲彩。

每次我到那兒過夜，一進門就會立刻上樓到聖壇前向復古的女性風尚致敬：那是我母親與她三個姐妹的銀鹽照片，每一張都是她們各自在高中畢業典禮上拍的。她們的美讓我看得目瞪口呆，不論是姿態、頭巾與服飾都清新脫俗。我的母親在照片中頂著一頭有蜂窩狀的金髮，脖子上戴了一串珍珠項鍊，臉上露出迷人的淺淺微笑，肌膚散發耀眼的光芒，貌美如花的姐妹們圍繞身旁，個個都停留在燦爛的青春年華。

我住在那裡時，外公早上都會做薄煎餅。外婆長年追隨健康飲食的潮流，甚至早在這種觀念備受質疑、人們普遍認為培根與雞蛋多多益善的五〇年代，就已是如此。她還在我母親小時候弄了一座「勝利花園」，盡可能靠這塊地餵飽一家人的胃。然而，如同當代所有的家庭主婦，她也是戰後食物商品化的受害者，被灌輸了使用現成的新上市烹飪「利器」做菜的觀念。雖然我的母親從最初接觸法國鄉村烹飪，到後來開始推動食材產地直送的創新飲食（她無法忍受六〇年代盛行由糙米與扁豆做成的「嬉皮燉菜」），但外公與外婆在邁入老年後改採日益健康的飲食，自然都去少數專賣新興「有機」食品的雜貨店採買散裝食物與健康食品。

回到薄煎餅，外公的薄煎餅非比尋常，是**超級食物**一詞還未流行之前就已經存在的超級食物煎餅。這種由小麥胚芽與全麥麵粉、也許還有脫脂牛奶與優格，再加上蘋果泥與香蕉糊做成的煎

餅，跟我在山腳的家裡狂吃的食物截然不同。我愛死它們了。我會跟外公一起做煎餅，仔細取好乾式食材的份量然後過篩，慢慢將牛奶（有可能是豆奶也說不定）倒入量杯。香蕉讓麵糊的味道更上一層樓，其中的糖分接觸到熱鍋會焦糖化，可蓋過任何一點小麥胚芽或其他營養成分的苦味。下鍋油煎前的最後一個步驟是我的最愛，那就是小心翼翼地將打發的蛋白裹入濕麵糊裡（用超過四十年歷史的老式打蛋器攪打成白沫，拉起時會呈現表面光滑的尖角）。做這個步驟時我需要全神貫注、繃緊肌肉，因為當時（還有現在）的我在煮菜時沒什麼耐性。相較之下，外公就顯得謹慎多了，在烹飪與生活上都是。如果我動作太粗魯、有可能會讓好不容易打到蓬鬆的蛋白消風，他就會溫柔地握住我的小手，帶著我拿木匙緩慢攪拌。這個過程能讓麵糊與打發的蛋白均勻混合，確保煎出來的薄餅蓬鬆軟綿。我不知道母親是否曾向外公學習分離蛋黃與蛋白並將蛋白打到蓬鬆的技巧，但她每次在家做薄煎餅時（這種機會不多）都堅持如此，而且她只用混合好的麵糊〔但不是比司吉牌（Bisquick）的！而是從第四街（Fourth Street）那家貝特的海景餐館（Bette's Oceanview Diner）買來的。〕直到今日，我還是不知道母親做薄煎餅為何不從頭開始——可能她覺得麵糊做起來比較麻煩，需要比實際上更多的「烘焙技巧」。我年僅十八歲時就意識到，做薄煎餅就跟準備一碗麥片一樣簡單。家族的一位朋友曾給我一道食譜，做法只需要一杯麵粉、一杯牛奶、些許小蘇打粉、一顆蛋（蛋白不用打發）及一小塊液化

奶油。如此做出來的煎餅就跟我小時候跟外公忙了老半天做出來
的一樣美味。從那之後，我成了家裡的薄煎餅權威——這個頭銜
沒什麼了不起，只是表示每當我在家，母親就會嚷著要吃芬妮特
製的薄煎餅。這種煎餅裡不含小麥胚芽。

　　儘管如此，外公的薄煎餅確實有某種特別之處，讓人念念不
忘，而這不只是因為外公一向會配上雞肉與蘋果做成的有機香腸
——好吃到我光是寫這句話就能想像那種美味。我總是捏一撮香
腸肉，拿一片金黃色的煎餅包起來——那就像一件過大的羽絨

派特（Pat）的薄煎餅

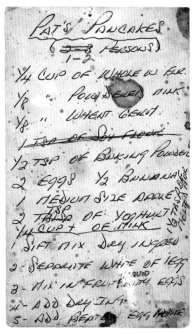
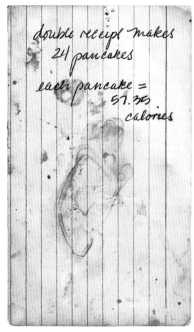

被，我都稱這道菜是「裹著毛毯的小豬」──然後一口塞進嘴裡。絕對不能加楓糖漿！這是一道無糖的家常菜！

早餐香腸肉餅

外公與外婆家從來沒有出現過手作香腸──我們唯一吃過的香腸是外婆冰在冷凍庫、個頭不大的有機蘋果雞肉香腸。然而，要在家做出美味的香腸肉餅非常容易（比起來，採買腸衣、還有處理乾淨後灌香腸要難得多）。基本上，你只需要準備幾種絞肉，肉質最好不要太瘦。我偏好豬肉（這是目前為止我覺得最合適的肉類），但我的外公與外婆從來都不允許我用豬肉做香腸。雖然如此，這道食譜的重點在於掌握那些令人回味無窮的早餐的精髓，因此我在這裡不設限。你可以用自己愛吃的肉類做看看，像是用〔在歐美國家〕容易買到的火雞絞肉取代豬肉。至於調味，適量的鹽巴是關鍵，另外加一些佐料也很好，但不是必要。我喜歡重口味的調味料，譬如煙燻紅椒粉、香菜粉、茴香籽與新鮮剁碎的迷迭香或鼠尾草（但不要一次全下）。但是，不論使用那些香料，我都會先將它們跟份量約一大匙的香腸碎肉一起拌煮，試一下味道，必要的話調整一下，再開始煎一整份肉餅。

關於蘋果豬肉早餐香腸肉餅的做法，首先在平底煎鍋中倒入幾大匙油，開中小火加熱。一小顆黃洋蔥切丁後倒入拌炒，直到軟化呈半透明狀。一小顆蘋果削皮、去核，切成不規則小丁（做這道菜時，我喜歡用加拉（Gala）或格拉文斯頓（Gravenstein）品種，丟入拌炒數分鐘，直到果肉出汁軟化。如果洋蔥快燒焦就加入一大匙水。等到洋蔥與蘋果煮成糊狀，即可裝碗放涼。在碗中加入約四百五十克有機豬絞肉、一小片剁碎的新鮮鼠尾草、一大匙楓糖漿、半茶匙剁碎的茴香籽、一小茶匙海

鹽、一小撮肉豆蔻籽與大量現磨的胡椒粉。用雙手充分攪拌約一分鐘，直到絞肉變得黏手。將這些香腸肉餅分成十塊，每塊直徑約六公分。將肉餅放入盤中，冷藏三十分鐘至一小時。烹煮時開中火，在鑄鐵平底煎鍋中倒入橄欖油，油量需足以覆滿鍋面。鍋熱但尚未冒煙時，放入肉餅，每一塊之間留一點間隔。每一面煎三到四分鐘，直到焦黃熟透，如果你怕肉沒熟，就轉小火繼續煎。用廚房紙巾吸取多餘油脂後，就可以跟派特的薄煎餅一起上桌了！

　　我還小——可能三、四歲——的時候，外公偶爾會來幼兒園接我放學，那是一所名為鴨子的窩（Duck's Nest）、有著田園風光的蒙特梭利學校。他會送我回家，如果季節對了，母親就會準備我最愛的點心：滿滿一碗新鮮現剝、稍微蒸過的豆子，上頭放一小塊有鹽奶油。現在回想起來，我認為她之所以得請託外公接我放學，是因為要在家裡剝豆子。這件事不需要花上**一輩子**的時間，但顯然也不是一項可以迅速解決的任務。如今我之所以還記得這件事，是因為那些豌豆可口無比，我會慢慢享用，每吃一口，那些充滿奶香、散發淡淡甜味的豌豆就會在口中爆開來。大致上，我吃飯並不慢，我喜歡美食，而且吃得津津有味，但唯有吃豌豆的時候速度特別慢。這是因為我吃這道點心的時候，外公都會念故事給我聽，而我不想故事還沒結束就把豌豆吃光。由於那時候我自己一個人還看不懂書，所以我都根據故事書的厚度來決定吃點心的速度。外公唸薄薄一本故事書時，我一次會吃一整匙；唸厚的故事書時，我每口只吃兩、三顆豆子。像《哈比人歷

險記》（*The Hobbit*）這麼厚的書，我一次只會吃一顆豆子。雖然豌豆要剝到滿滿一碗的份量需要不少時間，但我覺得偶爾辛苦一次很值得。大口大口享受一道費工的料理是一種特殊的喜悅，尤其當碗裡的食物是鮮嫩甘甜的春季豌豆時。當然，那時的我還不知道，但這段記憶過了數十年仍歷久彌新，經過多年重溫我漸漸明白──不論有意或無意──那是母親向我傳達愛意的另一種方式。當我們在英國的晚餐時間視訊，沒有其他事比發現我煮冷凍豌豆加一點奶油就當一餐更讓她失望了。這種豆子比起小時候吃的新鮮豌豆遜色許多，但我還能忍受它們的味道──畢竟拿來果腹不算難吃。

等到我大一點、自己可以看得懂書的時候，家裡的休閒活動變成了拼字遊戲（Scrabble），這是華特斯家族長久以來著迷不已的一款遊戲，在我印象中，每次家族聚會，大家一定會擺出幾塊板子，四人一組鬥個你死我活。小時候，我還不太會玩就一心想贏，因此常常作弊。七歲時，有次母親阻斷了我拼出七個字母的單字「pharaoh」、第一次連線成功的大好機會，害我沒能一次出完手上的字母牌、得到垂涎已久的五十分，於是我失控地大哭大鬧。從那之後我便不再作弊了，但個性依然好勝，這一點無疑遺傳自母親，她愛玩拼字遊戲的程度無人能比（只要有空她就會在手機上跟電腦玩家較勁），只有她贏得遊戲的渴望能匹敵。她講究戰略、出手毫不留情，在發明新單字這件事上擁有源源不絕的「創意」（還會要我不服氣的話儘管查字典），雖然這款遊戲玩

了五十幾年，她依然不願意記下所有由兩個字母組成的單字（我想最大的原因是，這樣她才能繼續**嘗試**創造不存在的單字）。對了，「ai」其實是一個單字，但意思不是「人工智慧」（artificial intelligence）；根據拼字遊戲字典（Scrabble Dictionary），它指的是三趾樹懶──怪透了！如果你好奇我母親度假時是什麼樣子：至少花三小時在玩拼字遊戲，只有討論午餐或晚餐要吃什麼的時候才會中斷，整個人就像冷血殘酷的鯊魚一樣虎視眈眈地盯著桌上的牌，一邊啜飲手中的玫瑰葡萄酒、一邊算計琢磨。桌遊割喉戰會演變成家族的偉大傳統，必須感謝親愛的外公與外婆；我敢說他們肯定沒料到會有這樣的結果，但我不怪他們。

外公與外婆負責看顧我的那段期間（大約從我三年級開始），我放學會跟他們一起回到山上的家。這個行程通常會包含課後點心甚至一頓晚餐，而餐桌上總會出現豆芽菜。各種豆芽菜是他們在廚房的常備食材，我在那個家吃的東西幾乎都是他們努力變出來的。最令我印象深刻的兩道豆芽菜料理（如果稱得上是料理的話），是在一片鋪滿豆芽菜（還用說嗎？）的全麥吐司抹上大量無糖杏仁奶油，再加上脆口的豆芽菜雜燴（其中應該大多是生豆與扁豆）。另一道是從柏克萊一家名為拉瓦爾氏〔La Val's，一九五一年在北方（Northside）開業的地方餐廳〕的披薩店買來的**高度客製化披薩**。外公與外婆會到那家店外帶一個「素食全麥披薩，不加起司、辣椒和鹽巴。」我們拿到披薩後就回到位於校園路（Campus Drive）的公寓，在披薩上面鋪滿苜蓿芽，

多到看不見底下的餅皮。我會驕傲地幫自己那片堆滿豆芽（菜跟餅皮的比例大約是五比一），料滿到需要一點技巧才能順利把披薩送到嘴裡。神奇的是，我在外公外婆家吃了那麼多的豆芽菜，並未因此對這項食材感到厭惡。事實上，大約是八年前在紐約市度過的一個暑假，我開始利用特製的罐子加上有孔的蓋子種豆芽菜。我幾乎每天早餐都吃自己根據外婆當初的食譜所做的豆芽菜料理。

　　如果你想試試這種奇特又美味的有機「普切塔」（brugchetta，就這麼統稱吧！），我強烈建議你找一些植栽專用的罐子自己種菜（它們嘗起來比超市冷藏櫃裡逐漸枯黃的蔬菜要美味得多）。對於像我這樣不擅園藝的人來說，種豆芽菜也會帶來極大的成就感；基本上它們會自己長大！你只需要將喜歡的種子或豆苗浸濕，每天換水沖洗，持續個三、五天，它們就會神奇地發芽茁壯。我最喜歡搭配葫蘆巴籽一起吃，即使那年夏天我在摩根圖書館（Morgan Library）的同事們都因為那嗆鼻的藥草味而想殺了我，但葫蘆巴為豆芽菜雜燴增添了一種濃郁、厚重與可口的風味。我也喜歡豆芽菜配著紅豆、小顆的綠扁豆與綠豆一起吃。吐司的部分，我偏好黑麥吐司而非外婆用的全麥麵包，但任何表面質地類似麵包的食物都可（一小把硬脆的餅乾也行），只要能讓我抹上比外婆允許的還要多（就熱量而言）的杏仁奶油就好。最後豪放地鋪滿豆芽菜（可以壓一下讓它們跟奶油融合黏著）並撒上大量海鹽與現磨黑胡椒粒，保證滋味比聽起來更加可口。

11
一口雞蛋

　　我判斷母親是否滿意我帶回家的男友的其中一個方法是，看她有多主動用壁爐烤雞蛋給他吃。當然，生火、讓柴火燒到完美的悶燒狀態、搭建一個「沙羅曼達」（salamander）*式的小烤箱以均勻分散熱源，最後將一顆雞蛋放在長柄湯匙裡以炭火烤熟，直到雞蛋膨脹、邊緣發皺且看起來就像舒芙蕾的早餐點心，過程大費周章。不過，做這種特殊的雞蛋料理不只凸顯了她中意我男友的程度，這也讓她有機會小小賣弄風情——如果她覺得眼前的男子特別迷人的話。如今回想起來，我才知道她在玩什麼把戲：眼神微微低垂，將邊緣皺得像花邊般的雞蛋放在大蒜吐司上，溫柔地遞上前去——那吐司從烤箱裡拿出來的時機總是恰到好處。噢，還有每次一定會配上一些生菜佐她親手做的紅酒醋，可能再加上一、兩片蘿蔔，還帶有一卷蘿蔔葉。

---

*　中世紀歐洲傳說中的火蛇。

　　我出生時，帕尼絲之家已經開了十二年多，因此我只能從別人的回憶來了解這間餐廳成立之初的情況，還有更令我感興趣的是，母親在年輕時是什麼樣子。問題是，說到記憶的準確度，許多相關人士不是當時喝得太醉、情緒太高昂，就是現在腦袋變遲鈍了，無法確切喚起腦中的回憶。不久前，我與母親、教母瑪蒂娜（Martine）、她的丈夫克勞德（Claude）及她的女兒卡蜜兒（Camille）在巴黎共進午餐。七〇年代初期，瑪蒂娜與克勞德住在柏克萊，克勞德是加州大學柏克萊校區（UC Berkeley）數學系的後博士研究生；瑪蒂娜身為藝術家與品味細膩的廚娘，是我母親早期的合作伙伴之一〔她與母親合著《帕尼絲之家的義大利麵、披薩與披薩餃》（*Chez Panisse Pasta, Pizza & Calzone*），並在書中創作插畫〕。他們暫居柏克萊的期間，卡蜜兒出生了，時間就在餐廳於一九七一年開幕的不久前。那頓午餐的對話是這樣的：

母　　親：開幕那天你們都有來嗎？

瑪蒂娜：當然！愛莉絲，你不記得了嗎？！

母　　親：我對那天晚上的印象有點模糊……

克勞德：我們有去？？瑪蒂娜，你確定嗎？

母　　親：對，我記得，克勞德，你**百分之百**有來！我們還做了橄欖燉鴨呢！

克勞德：喔對啦！燉鴨！沒錯！我怎麼忘得了？

卡蜜兒：等等，餐廳開幕時，我才幾個月大沒錯吧？那天你們把我交給誰了？我人在哪裡？

〔克勞德與瑪蒂娜疑惑地四目相交。〕

瑪蒂娜：嗯……

克勞德：瑪蒂娜，你不記得了嗎？那天晚上卡蜜兒人在哪裡？

瑪蒂娜：跟我們在一起啊！

卡蜜兒：你們帶我去參加餐廳的開幕式？！

瑪蒂娜：對……我記得是這樣……咦不對……對啦！

卡蜜兒：好吧，讓我搞清楚，你們記得那該死的鴨肉，卻想不起那天身上到底有沒有揹著剛出生的女兒？！

諸如此類的對話一再上演……

換句話說：我學會不採信任何目擊者的說詞。反正，即使在最理想的情況下，記憶也不可靠且容易變動，會在時間的洪流下漸漸淡化。雖然如此，我依然認為一個沒有半點生意頭腦的人僅僅二十七歲就開了一間餐廳，而且經營得有模有樣，是一件不可思議的事。我想，她相互矛盾的自我如今所展現的膽大無畏與惶

恐不安，在一九七一年已相當明顯。別人經常形容她都靠迷人的魅力、隨興的浪漫與堅持到底的固執度過難關——當她低頭將煮好的雞蛋遞給我的男友，閃爍的眼神透過眼睫毛的縫隙發出光芒時，我看到的是積習難改的調情舉動。然而，那雞蛋熟度完美、吐司焦得剛剛好、蘿蔔葉酸度適中，放在美麗的墨西哥陶盤上——這道傑作出自一位完美的廚師也是主人之手，她深知餐桌上的喜悅會從盤裡的美食延伸至互動的氛圍。那一瞬間的眼神像是在說，「愛上我吧，還有，愛上這道雞蛋料理。」

平心而論，我的母親經常做「用壁爐烘烤的一口雞蛋」這道料理（眾所周知地麻煩費事），而不是只在未來有可能成為女婿的男人來家裡作客時才會如此。正因如此，當別人問到有沒有一道菜可以概括我與母親的關係，我不只一次地提到這道料理。原因或許是其中運用了壁爐（在那前方零點幾平方公尺的料理區，是我與她互動最密切的地方）。然而，大部分是因為她在柴燒的明火上烹飪時的樣子。在眾多技能之中，她最令我印象深刻的是感知與預期火勢變化的能力，而之所以如此，也許是因為我顯然沒有遺傳到這個基因。烤漢堡時，我總是為了安全起見，把肉排烤到最熟；雞肉也一向烤得過頭。相較之下，母親似乎能感應與控制火焰的強弱變化，尤其是烤羊排的時候。她會在晚餐時間安頓好菜餚，懊惱地說牛排煎得太熟了，但我從來沒吃過她煮到過熟（或不夠熟）的食物——出自她手的料理向來都呈現它們應該有的味道。

　　小時候，我想家中的料理至少有百分之七十都是用火烤而成。你一定覺得，為了一頓家常菜如此大費周章是件很奇怪的事，但由於北加州的天氣往往讓人在入夜後想點火取暖（即使夏天也是如此，除了少數幾天沒那麼冷，母親才願意不開壁爐）。既然火都點了──作為一個沒有中央暖氣的房子的主要熱源之一──何不順便烤幾個脆甜的春季洋蔥、幾片魚肉或幾塊大蒜麵包呢？幾乎所有食材在炭火的加持下都會變得更美味，即便只有烤那麼一下子。

　　母親作為**火烤天后**（她有時會這麼自稱）的能耐之所以如此了不起，不只在於烘烤食材時展現各種如芭蕾舞般靈巧的動作與進行外科手術般一絲不苟的態度（一下敏捷地調整木柴的位置，一下丟一把乾枯的葡萄藤以加大火勢），也是因為她很早就發現自己有這項天賦，而且無所畏懼地勤加磨練。有一段時期，主流餐廳的廚房裡女廚師少之又少，負責烤爐的女性更是罕見。母親如果抬頭挺胸應該有一百五十八公分高，而且即使她抱怨前陣子去義大利旅遊吃得太放縱，體重也沒什麼增加。我幫她取的綽號──這可能也是她的靈性動物──是蜂鳥，因為她嬌小玲瓏，甚至不可思議地精力充沛與動作敏捷，與人交談、烹調料理或示範食譜時，就像蜂鳥遇到蜜汁滿盈的花蕊那樣全心投入。然而，在她手腳俐落地堆放柴火或調整烤架時，你會忘記她是個小隻女。

用壁爐烘烤的一口雞蛋

母親看完《火的魔法——壁爐烹飪：適合壁爐及篝火烹飪的一百道食譜》(*The Magic of Fire: Hearth Cooking: One Hundred Recipes for the Fireplace or Campfire*)——威廉·盧貝爾(William Rubel)於二〇〇四年出版的簡要壁爐食譜——後，第一次嘗試做火烤雞蛋。她懇求在西西里從事鐵匠的朋友安傑洛·加羅(Angelo Garro)依照書中描述源自十七世紀法國的一項烹飪器具鑄造一把湯匙。安傑洛欣然答應，後來甚至打造了有兩個凹槽的湯匙（可愛的心形），讓她可以一次煮兩顆蛋。這把蛋勺是如此令人愛不釋手，我甚至開了一家小型設計公司，而其中一種產品就是請灣區一位女鐵匠打造的新版蛋勺。如果你有認識的鐵匠或周遭有手巧的朋友會做這種東西，可以請他／她試著製作合用的器具。我走遍各地的古董店，雖然鑄鐵湯匙不難找，但它們不是握柄太短、就是凹槽過深。至今我依然在尋覓適合自己的蛋勺。

準備料理之前，先點火。任何類型的火爐都行，例如嵌在客廳牆面的壁爐、葫蘆型火爐、營火甚至是燒烤爐，只要爐體夠大有操作空間即可。洗一大把萵苣葉後晾乾，接著使用刨片器削一些茴香與蘿蔔，與萵苣混在一起。若時值夏季，可加入一些切半的櫻桃番茄。搗碎一小瓣蒜頭，加一撮海鹽、適量上等的紅酒醋、少許檸檬汁與一點現磨的黑胡椒粒，做成油醋。靜置幾分鐘，讓蒜頭與醋充分融合；接著拌入適量的特級初榨橄欖油，試一下味道如何。盡量讓油醋保持清爽微酸的滋味，以中和雞蛋的濃郁口感。

將雞蛋打入一個小碗中，加一撮海鹽、適量現磨的黑胡椒粒，並撒一點馬拉什(Marash)紅椒粉或辣椒。將木柴與煤炭擺成類似「沙羅

曼達」的烤箱（底層鋪滿煤炭，兩側與上層擺放悶燒的木柴，後側放一根點火的原木），好讓熱氣從各個方向往中央聚攏，如此有助於雞蛋熟成膨脹。以油醋調味生菜，烤箱或烤爐裡放一片吐司加熱。吐司烤好之後，拿一瓣蒜頭輕輕塗抹於上，再滴一點橄欖油。將鐵製的長柄蛋勺內部裹上一層橄欖油，拿到火源上稍微溫熱一下。湯匙倒入雞蛋，小心翼翼地移到「烤箱」裡烘烤兩、三分鐘，或直到雞蛋略為膨脹、邊緣焦黃為止。用湯匙或刀子輕輕拌一下蛋液，將它滑移至吐司上，搭配調味後的沙拉一起享用。最近我們發現，用瓦斯爐也可成功做出蛋勺料理；這種做法讓湯匙變成一個超級方便移動的小型鑄鐵平底鍋。瓦斯爐雖然沒有煙燻的氣味，但雞蛋仍會膨脹，並且透過蛋勺獨有的方式熟成，而對於那些不曾利用炭火做菜的人來說，這個方法比較容易上手。

12
帕尼絲之家

　　一九八三年，也就是我出生那年，帕尼絲之家成立已有一段時間，可說進入了青壯年階段。儘管餐廳的營運上了軌道，我的母親每天仍有大半時間都待在那裡——即使她不像以前那樣身負掌廚的重責大任。事實上，那時她已有多年沒在餐廳親自掌廚了，除了偶爾幾次幫請病假或輪休的廚師代班之外。雖然如此，她似乎永遠都忙得團團轉。她會在餐廳裡滿場飛，確保一切按部就班、與廚師們討論未來一週的菜單、在晚餐時段之前嘗嘗菜色、重新擺設蔬菜或水果，或者將冷藏室的銅質外牆前面的標示牌擦得晶亮。不論母親什麼出於原因遲遲無法下班，對我而言，這都意味著會在服務生與內場人員睜一隻眼、閉一隻眼的看顧下在餐廳待上更久的時間（一些員工比其他人還熱中這項任務）。

　　從八〇年代初期拍攝的照片可知，我的母親並未礙於任何衛生與安全法規，而不讓一個剛出生的嬰兒進入餐廳的廚房。等漫長的產後腹痛期一過、我也比較穩定了，她就開始定期帶我到帕

尼絲之家。在那裡，她用乾淨的餐巾當作我的襁褓，把我放在巨大的沙拉碗裡，底下墊有……更多的餐巾。一個臉色蒼白的嬰兒身穿手織的防護衣，臉上微微露出不耐的表情，當她品嘗菜色的味道或與餐廳經理討論營運事務時，我就乖乖地窩在那個小角落。我當然不記得那些過程，但我覺得自己對沙拉的過度熱愛，可能與嬰孩時期常待廚房有點關係。雖然笑容滿面的廚師凱瑟琳‧布蘭戴爾（Catherine Brandel）令我嚮往，但我小時候在餐廳裡最愛的是一個名為羅尤爾‧湯瑪斯‧格恩西三世（Royal Thomas Guernsey *the Third*）的男人，大家都叫他湯姆（Tom）。湯姆年近四十，待人溫柔、長相帥氣，還有著燦爛迷人的微笑——連最難搞的饕客看到也會瞬間融化的那種。他在餐廳開業初期擔任服務生，最後成為我母親最親密與信賴的伙伴（先是擔任餐廳主任，後來當上餐廳董事會的主席）。

　　我還沒出生前的時期，母親一度考慮讓帕尼絲之家供應早午餐——事實上也應該如此。身為母親的前任未婚夫與負責為柏克萊至少半數企業設計視覺形象的圖像藝術家大衛‧戈因斯（David Goines），甚至特地創作了一張海報來宣布這項服務。以冒出蒸氣的咖啡壺為背景，正中央標有斗大的「早晨」（法文作 *Le Matin*）二字；下方寫著九到十一點供應「咖啡與可頌」。在那個時段（開辦與停辦都在一九七六年），湯姆負責在用餐區中央的一座小火爐前面煎歐姆蛋。早午餐受歡迎的程度超乎預期，以致「管理階層」很快便不得不取消這項服務——當時此區的運

作太過混亂，無法大量接單。人們在這一小塊區域排隊等待特製的新鮮香草歐姆蛋佐鮮奶油，湯姆因此忙得不可開交。儘管他明顯擁有烹飪天賦、迷死人不償命的笑容，還能在克難的條件下端出美味的雞蛋料理，但母親不願就這麼讓掌管餐廳大小事的得力助手加入廚師的行列，於是早午餐開辦後沒多久便取消了。

每當我在餐廳裡閒晃，湯姆總會抽空逗我開心。他經常將我從母親的臂窩裡一把拉走，帶我去找糕點部的瑪莉・喬・托勒森（Mary Jo Thoresen），料想她那邊一定有某種好吃的在等著我們。湯姆猜對了：瑪莉・喬預留了冷凍庫裡的一排覆盆莓。我與湯姆過去探班時，她會將一顆顆冷凍莓果放在四歲大的我的短巧手指頭上，並用鋼筆在每根手指畫上一個個笑臉。她與湯姆一起為我手指上的小矮人們編造簡單的故事，說完後再讓我把它們的頭——也就是冷凍莓果——一個個吃掉。除此之外，湯姆也很能耐得住性子，與我一起在桌子底下開想像中的下午茶派對，這不只需要暫時拋開理智的疑惑，還得將高大的身軀縮成一團，才能進入「茶館」。理想的情況下，等第一位值班的外場服務生在餐廳開始營業前鋪好每一桌的桌巾、好讓上門的顧客可以大快朵頤之後，下午茶時光就會馬上展開。

有時候，一樓餐廳的廚師尚—皮耶・穆勒（Jean-Pierre Moullé）的女兒會加入我們的行列。小我一歲的莫德（Maud）成了我從小最要好的朋友之一，不只是因為我們有十年的時間都上同一所法僑學校，也因為我們具有更親密的共通點。莫德的父

親從七〇年代中期到二〇一二年陸陸續續在帕尼絲之家工作了三十多年；在許多方面，他就跟我的母親一樣擁有這間餐廳。然而，帕尼絲之家從未遵循法式餐廳只能有一位主廚的體制——尚—皮耶出身的階級文化。相反地，餐廳每週會有多名廚師輪流當班，二樓咖啡廳與一樓餐廳各兩位。堅守這種民主架構，是我母親對於當代眾多嬉皮人士擁護的烏托邦願景的妥協或尊敬。儘管如此，尚—皮耶在職期間有好多次都顯示，缺乏充分自主權的狀態，一天天消磨他的意志。反抗的衝動逐漸累積，直到他決定離開時一次爆發……只是——幸好——他總會選擇回頭。如果沒有他，整間餐廳可能會大亂。

餐廳的大小事尚—皮耶都會參一腳，因此他的兩個女兒與帕尼絲之家的關係就跟我一樣；那是一種擁有的感覺，不是擁有這間餐廳的營運或員工，而是感覺**這個地方**屬於自己。但是當時，我周遭有其他孩子〔包含莫德與她的姐姐艾爾莎（Elsa）〕都感到與那裡具有深刻的連結。帕尼絲之家大部分的員工就算不是待了數十年，也至少有好幾年的時間。這個地方的步調體現了他們的人生。不論是一週只來當一、兩晚的酒保、卻做了三十年以上的克萊兒・貝爾—傅勒（Clare Bell-Fuller），從我有記憶以來就為餐廳增光、最近剛退休的領班史蒂夫・克拉姆利（Steve Crumley），或是技術了得、從整間餐廳的管道系統到桌上的銅製檯燈幾乎什麼都修得好的優秀工人哈利勒・穆加德地（Khalil Mujadedy），大家從來不會想在這個地方當個過客。不論你是在

職業生涯的初期、中期或晚期來到這裡，帕尼絲之家都是最終**歸宿**。一旦來此，你很少會想要離開。

　　某種程度上，每年舉辦的員工派對是這種家庭情感的完美典範。畢竟，唯有在這種場合才可能看到家族的眾多成員，因為不是所有員工都同時在餐廳裡工作。我清楚記得的一場派對是在鮑伯‧卡納德於索諾瑪縣（Sonoma County）一片肥沃土地上開設的農場舉行。鮑伯是帕尼絲之家合作了將近四十個年頭的主要農產商，在八○年代初與我的母親達成協議，將農場的所有作物提供給餐廳（如今一些餐廳擁有自己的農場，許多更自稱使用的食材「產地直送」，但這種模式在當時沒沒無聞，甚至顛覆傳統）。他曾說自己遵守「一夫一妻制；是餐廳在跟別人亂搞」，指的是帕尼絲之家實際上會從當地其他農場進貨，彌補農產量的不足。

　　然而，鮑伯經營的不是一座普通的農場，他本身也不是一位普通的農夫。他在受控的混亂中怡然自如，紛雜荒蕪的狀態得以與他的大片農田共存，甚至危害到作物的生長。他不清除雜草，也不施肥，一切交由大自然主宰。有次我造訪農場，跟在他後面沿著菜田周圍散步，鮑伯邊走邊伸手輕輕撫摸那些蔬菜。我發誓我看到了每一片茴香葉在他的手指頭下輕柔舞動，甚至愉悅地微微仰起。假使那些作物實際上可以感受到他的守護精神，我也不會覺得意外——很難想像有別人比他更能與大自然和諧共處。事實上，在我印象中他住了大半輩子的房子，有一扇沒有窗格的窗

戶。有隻燕子在客廳天花板的橫樑上築巢，鮑伯並未驅趕牠，而是把牠當成住客一樣對待，任由牠來去自如。

　　想當然爾，在鮑伯的農場，各種動物的活動空間刻意設計得可輕易互通，這也許是為什麼每一個到過那裡的人都感覺像回家一樣，彷彿一踏上那塊土地就能回歸原始。正因如此，在那兒舉辦的員工派對一向是最好玩，也最多人參加的，瀰漫濃濃的團圓氣氛。前任員工往往會回來敘舊，帶上自己甚至朋友的小孩同樂，形成陣容龐大的家庭。除此之外，我們也會在鮑伯家的庭院生火燉煮一鍋直徑至少約一點八公尺的西班牙海鮮飯，在二十公畝大的果園裡排滿乾草堆捆成的椅子。那個下午人聲鼎沸、歡笑不斷，直到夜幕低垂，孩子們頂著滿肚子的初熟水果累得趴在草地上睡著了，農場才恢復寧靜。

　　帕尼絲之家適切地改建自三〇年代的一座獨棟房屋。從一九七一年購入以來，這棟房子被打造成一家在數十年的使用期間必然會擴大規模的餐廳——實際上是一個大家庭。餐廳首度開業時，一樓的壁爐還沒蓋起來（如今是廚房最顯眼的區域）。晚餐時段供應的烤物都是在屋子後院利用鐵桶料理而成。這個臨時戶外燒烤區的旁邊，就是餐廳的首席糕點師與共同所有人琳西‧薛兒（Lindsey Shere）構思甜點、擺設有模有樣的工具棚，即糕點部的前身。餐廳於一九八〇年在二樓增設開放式廚房，以供應有別於一樓套餐組合的咖啡廳餐點，之後陸續擴建了翼樓、儲藏

室、酒窖、員工更衣間與隔壁的辦公室（包括餐廳與可食校園計畫）。帕尼絲之家猶如一座中世紀的市集城鎮般向外擴張（分為不同階段，而且因應日益壯大的家族的需求），儘管在一九八二年與二〇一三年經歷了兩次嚴重的火災，仍屹立不搖。如今這間餐廳即將邁入五十週年，既令人難以置信，卻也是不爭的事實。有太多「孩子」為它盡心盡力，要倒閉也難。

　　母親總是浪漫地稱這些人數眾多的員工是帕尼絲家族（La Famille Panisse）。許多伴侶都在這裡相識、相愛、結成連理與生兒育女，十五年後自己的子女進來受訓當廚師助手時，他們仍在餐廳服務。艾爾莎跟著她的父親在廚房工作；莫德成了我母親最愛的領班之一。卡爾·彼得內爾（Cal Peternell）兩個年長的兒子念大學放暑假時都來廚房幫忙。尼可·孟戴（Nico Monday）──餐廳的元老級女服務生之一雪倫·瓊斯（Sharon Jones）的兒子與我母親的教子──在二樓咖啡廳與一樓餐廳都掌廚過，還因此認識了他的太太艾蜜莉雅·歐萊利（Amelia O'Reilly，當時是冷盤廚師），並與她一起搬到麻州開了兩間餐廳。前任主廚保羅·貝爾托利（Paul Bertolli）的兒子不久前進了一樓餐廳當服務生，他瘦高的身形與溫文爾雅的舉止跟父親如出一轍。這些名單數都數不完；帕尼絲家族的人太多了。身為一個獨生女，我感覺自己屬於這個大家族的一份子，有上百個嬸嬸、叔叔、堂表親、兄弟姐妹與（外）祖父母寵愛我、也在我犯錯時責備我──整體上比多數家庭都還健全的一個家族。我時常覺得母親應該

生一打孩子；她母性堅強到有時就像是一種下意識的反應。但是，基於某種原因（錯失良機？事業心太強？找不到合適的伴侶？），她一直到一般認為生育困難、甚至無法懷孕的年紀才成為母親。我想，這間餐廳家庭般的氛圍、以及後浪推前浪的世代傳承，減輕了她在生兒育女這件事上的焦慮感，或至少讓她在遇見我父親之前得以轉移對家庭這塊缺憾的注意力。

　　話雖如此，我是名副其實在帕尼絲之家長大的第一個世代。如同當代的其他家族成員，我對餐廳從裡到外瞭若指掌。首先，我內化了那一連串的氣味：衣櫃雪松鑲板濃郁的木質味道，夏天時存放在戶外有篷通道的架子上的成熟水果，餐桌檯燈散發的淡淡酒精味，一樓用餐區吸塵器剛掃過的地毯，披薩在柴爐烤箱裡邊緣逐漸變得焦黑的麵香味。我對這個地方的認識就像一張地圖分了好幾層：疊在嗅覺藍圖之上的是奇特的建築構造。我無法無天地利用這些知識，有如小偷在正式行動的數週前摸清目標建築的平面配置。我知道和餐廳員工或他們的子女玩捉迷藏時躲在哪裡最安全；在市內陡峭的階梯縱身一躍可以跳過多少階〔我不敢相信我和妮可（Nico）玩這個遊戲還能平安活著，而且沒有腦震盪〕；在冰庫裡偷拿哪一層架子放的美味糕點不會被發現。我對一個個圓滾滾還未下鍋、幾乎沒有甜味又嚼勁十足的薄餅麵糰情有獨鍾。我會忍不住撕開保鮮膜、捏一塊奶油般的麵皮，頂著低溫默默享用，再輕輕將麵糰拍回原狀並包回保鮮膜。我從沒想過糕點部的廚師可能會疑惑，為什麼薄餅麵糰的體積不時會縮小一

點。我如果不是在一樓的冰庫做壞事，就是鬼鬼祟祟地到吧台跟午餐時段的酒保點餐，「請給我一品脫（約五百五十毫升）的奶泡，不要液體的牛奶。」小時候的我討厭咖啡的味道，但愛死了卡布奇諾最上面那層香甜綿密的奶泡，經常趁母親不注意的時候挖她那杯來吃。在帕尼絲之家，如果母親忙到沒空管我，我就會跑去點這種「飲料」來喝，而無辜的酒保會礙於職責而滿足我的要求，即使為了打出那麼一點點奶泡需要用上至少約一千一百毫升的牛奶。有時我會稍微收斂一些，點一杯招牌思樂寶（Snapple），這是當班的廚師常在夏天點來喝的一種飲料：冰紅茶混蘋果西打與檸檬汁，再倒進裝滿冰塊的杯子。

另一個讓我著迷的東西，無疑是茅野農場（Chino Farm）——我母親簽約進貨而非位於北加州的少數農場之一——運來的一大箱農作物了。奇諾農場位處聖地牙哥郊區，其歷史要從二〇年代初期說起，當時茅野順三（Junzo Chino）從日本一座小漁村移民到美國，在洛杉磯落地生根。順三與妻子野田初也（Hatsuya Noda）原本在一座社區農莊工作，之後南遷，在德爾馬（Del Mar）附近一片遼闊的農地租了一塊田。二戰期間在亞利桑那州遭到強制拘留一段時間後，他們回到家園，買下面積達二十二公頃的農地，在那兒含辛茹苦養大了九個小孩，建立如今備受崇敬的茅野農場。他們是美國最早種植各式各樣稀有與原生蔬菜品種的農場，而我的母親是第一個發掘他們的主廚（在七〇年代早期因為提倡有機食材而頗受爭議）。從那時起，母親與他

們的交情歷久彌堅〔她幾乎每年都會到農場——有時會帶上我——參加傳統的麻糬節（Mochi Festival），這個節慶標誌著日本新年的開始〕。母親曾形容茅野一家人以「對美學永無止盡的好奇心」在照料著自己的土地，我想，他們對美的關注，就跟那裡出產的農作物絕妙的風味一樣令她深深著迷。當然，對兒時的我來說，親眼看到餐廳人員打開茅野農場運來的一大箱作物，就彷彿在見證寶藏盒被撬開的那一刻。茅野一家首開先例耕種各種顏色的蘿蔔（有紅的、白的、淡橘色、黃的與紫的）；白色、紫色與淺綠色的茄子；在「原生品種」流行之前就存在的奇特番茄；還有許多源自世界各地的蔬果。他們彷彿在非法經營一種煉金術農業。他們種植的蔬菜與水果，至今仍是我有生以來看過或品嘗過最出色的農產品。

　　當然，所有在帕尼絲之家長大的小鬼們**最愛**的地方非二樓咖啡廳的披薩站莫屬了，那裡有著橡木做成的柴燒烤箱與總是樂於助人的披薩師傅。在這間餐廳堅守同一個職位二十多年的米歇爾‧佩瑞拉（Michele Perrella），可說是最迷人的義大利廚師。這二十多年來，他的外貌一成不變，臉上的鬍子總是修剪齊整，頭戴同一頂白色鴨舌帽，皮膚始終一點皺紋也沒有，除了他微笑向人打招呼時眼角皺起的魚尾紋。他說起來還有濃重的英格蘭口音，彷彿來上班的前幾分鐘才剛從英國飛抵加州似的。

　　對於十歲以下的小孩來說，在晚餐時段去找米歇爾玩是在帕尼絲之家的重頭戲。儘管顧客進進出出、門口的感應鈴不斷響

起，更別說是廚房的出單機自動印出一張又一張點單，但米歇爾總能撥空帶我同樂。我們兩個人會站在窯爐前感受高溫，那種炙熱就跟出了有空調的飛機、踏上氣候乾熱的國度一樣地強烈與讓人措手不及。有時候，米歇爾會托起我的腋窩，讓我不只能看到披薩的製作過程，還能「把皮膚曬成古銅色」，這樣我才能跟媽媽說我剛才去了夏威夷。那時我還不夠高、搆不到櫃檯，而他會把木桶（用來放生麵糰）倒過來放在地上，讓我站在上面看。我們會抬起另一個桶子，將裡面的麵糰倒在撒滿麵粉的工作檯上。首先我會幫他把一大坨麵糰切成一小塊一小塊，然後跟他一起將小麵糰輕輕揉成要做披薩的小球。麵糰散發出的發酵味聞久了會上癮。他耐心地向我解釋，那種味道是使生麵糰變得蓬鬆有筋性、讓我可以盡情揉捏的關鍵。揉好一球球麵糰之後，放在鋪有烘焙紙與塗了一層油的烤盤上靜置，等待它們再次發酵到體積變成兩倍大（這通常會花上我吃一、兩道菜所需的時間），這時我會回到工作檯前開始做披薩……但「只能做一個特小號的個人披薩」，母親會從對面的雅座這麼說，她指的是菜單上兩種尺寸的披薩中比較小的那一種。

我用手指開始捏麵糰，學米歇爾那樣輕輕往外按壓。最後，他允許我把麵皮拿起來在雙手之間甩拉。過程中幾乎不會用到擀麵棍──比起做出完美的餐廳級披薩，我對捏出各種形狀的披薩更感興趣：我會依照主題來裝飾，如果我要捏一瓶橄欖油的形狀，就會在餅皮撒上黑橄欖；要捏一隻游泳的魚，我就會把吉普

賽甜椒撕成一條一條當作魚鱗。不管我要捏成什麼形狀或加什麼
配料，米歇爾都會教我怎麼在麵糰均勻地刷上一層泡過大蒜的
油，還有如何小心翼翼地擺放配料，好讓它們在窯爐裡充分受
熱。將披薩送入窯爐之後，他會再把我抱起來，讓我觀察餅皮的
變化，兩個人的臉頰就在那樣的宇宙奇觀前被炭火照得又紅又
亮。

披薩麵糰

　　這道食譜基本上是帕尼絲之家每天都會做的，不過這個版本的麵糰
只夠做兩個披薩（餐廳廚房會調整成足以供應一個晚上的份量）。如果
你需要更多麵糰，只需將食材的量多抓一、兩倍即可。想做出真正美味
的披薩，其中一個祕訣是前面提過的大蒜油；不論你決定加什麼配料，
大蒜油都能讓成品變得比原本可口得多。大蒜油的做法是取一、兩瓣蒜
頭切成細末，放碗中倒入幾大口特級初榨橄欖油到淹過蒜頭。靜置一會
兒之後，大蒜油應該會呈現流動液體狀，即可輕易用油刷或湯匙沾在餅
皮上。

　　首先是製作麵糰，量兩茶匙的乾酵母以半杯溫水泡開，接著倒入四
分之一杯未漂白的白麵粉與四分之一杯裸麥麵粉揉勻。麵糰靜置直到膨
脹，約需三十分鐘的時間。取另一個碗倒入三又四分之三杯未漂白的白
麵粉與一茶匙鹽巴，充分混合後拌入剛才揉好的麵糰，再倒入四分之一
杯冷水與四分之一杯橄欖油。將麵糰移至撒有麵粉的工作檯上，持續揉
搓到質地變得軟彈，需時約五分鐘。

　　麵糰放在大碗裡，加蓋並置於溫暖處發酵直到膨脹成原來的兩倍

大，大約需等上兩小時。若想讓麵糰風味更足、口感更軟，可以放入冰箱冰一晚。（不過要記得在塑形之前先退冰兩小時，因為低溫會使麵糰不易發酵。）等到麵糰的體積大一倍，小心從碗裡取出並切成兩半，分別揉成表面滑順的球狀。用保鮮膜包起來，在室溫下靜置約一小時。之後，將球體揉成直徑約十二到十五公分的圓盤狀，撒上一點麵粉，以紙巾覆蓋，靜置十五分鐘。

　　烤箱預熱至攝氏兩百六十度，將剛才揉好的麵糰輕輕擀成約二十五公分的圓形。將麵皮放在撒了一層麵粉或倒置的烤盤上。刷上大蒜橄欖油、撒鹽，邊緣約一點二公分留白，然後鋪上配料。我在家做披薩時，喜歡配料簡單一點，譬如塗上番茄醬（拿幾顆熟透的夏季番茄煮成糊狀收汁），再撒一些新鮮的莫札瑞拉起司，烤好出爐後再撒一點巴西里葉。家常披薩的製作應該要隨興所至。我通常只會準備大量各種蔬菜（洋蔥、櫛瓜、甜椒、櫻桃番茄等，切成片狀或小丁）、一些起司和**不可或缺**的大蒜油，讓客人自己決定要加哪些配料。準備烘烤時，將披薩放在石板（或倒放的烤盤）上烤十分鐘，或等到餅皮邊緣變得焦黃。

　　在我小時候，我們全家一週至少會到帕尼絲之家二樓的咖啡廳用餐一、兩次。雖然那時母親已經不是餐廳的主廚，但她依舊覺得有必要現場嘗過晚餐的菜色與即時給予反饋。對常客與新客而言，看到她本人在餐廳忙進忙出也是一種驚喜。我們通常會坐在二樓的其中一個包廂座位，就在櫃檯的對面，這樣母親才能隨時監看廚師與服務生的工作狀況。她偏好可以在最大程度上觀察整個環境氛圍的角度，而且從不允許自己被困在一個不方便行動的位置。我與父親會自動讓出靠外面的座位，因為她在一頓飯的

期間暫時離開又回來的頻率不下二十次。有時我們會開玩笑說，其實我們只有兩個人，是餐廳領班弄錯才給了三個人的位子。為了打發她不在座位上的時間，我會弄來滿滿一瓶各色蠟筆，開始在白色桌巾上塗鴉，有時還會拉父親一起玩我最愛的線畫遊戲（Squiggle，瑪莉‧喬介紹我玩的），玩法是一個人先隨便畫一條抽象的線，然後另一個人必須接著這條線作畫。遊戲規定不能畫雲霄飛車、蛇與火車。吃飯時，父親會指責我「吃麵包配奶油」──所有當爸爸的人似乎都會這樣。吃完飯後，我會多管閒事地「幫忙」服務生更有效率地工作，在他拿抹布擦拭桌面時拿起每一個玻璃杯或瓶子，方便他清理殘留的麵包屑。

有一天，我終於到了可以為餐廳做出更多貢獻的年紀，不像以前只能跟服務生說哪裡還有麵包屑沒清到。是時候該找份工作了！而最合適的地方當然就是帕尼絲之家。我在那裡一般都做短期的工作，去的時候不是暑假、就是寒假，我幾乎都在內場負責備料和「跑腿」，一直到我外表看起來不再像未成年，才進到外場（作為卑微的服務生）。我在十四歲讀完九年級的那個夏天第一次輪班。母親安排我在負責沙拉站的主廚的指揮下，從幫忙準備午餐與晚餐時段所需的各式醬料與食材做起。我以為自己會分配到沙拉備料的任務，雖然我就連在家的時候也很少有機會練習這種事，因為母親幾乎一手包辦。相反地（而且考量我的年紀與經驗不足，相當正確地），他們派給我的工作比這要簡單多了，像是每天清洗盛裝鹽漬鯷魚的容器。那個容器可不小，堪比工業

用的尺寸。直到那次在帕尼絲之家輪班，我才知道他們用這麼大的容器裝鰻魚，還有原來餐廳在每天供應的各式菜色與油醋醬裡加了大量我最討厭的這種食物。

負責近距離處理這些散發惡臭的小魚，似乎是我的業障——先是將牠們裝在大鋼碗裡泡水，接著去掉腸子和骨頭，最後是將這些魚柳擺在盤子裡，倒入橄欖油浸漬。不幸的是，一次次地將雙手泡在越變越黑、充滿噁心內臟的的水裡，然後像馬克白夫人（Lady Macbethian）*拚命洗手想擺脫那股臭味的經驗，是我在帕尼絲之家的廚房最鮮明的回憶之一。也就是說，我大部分的烹飪技巧並不是在那裡工作時學到的。我是「老闆」的女兒沒錯，但我覺得餐廳員工對我寬容與耐心的教導，其實是公事公辦。我清楚記得，離開餐廳後便到羅馬美國學院（American Academy in Rome）主持「羅馬永續食物計畫」（Rome Sustainable Food Project）的孟娜·塔爾伯特（Mona Talbott），曾在繁忙的午餐時段抽空細心指導我，如何切出薄如紙片的煙燻鮭魚。帕尼絲之家的本質是一座教學廚房，不斷有所謂的**學徒**加入：擁有各種經驗的年輕人與長者來這裡工作數天或數個月，以磨練廚藝。我記得曾經有一位待過紐約市好幾家餐廳內場的年輕見習生驚訝地對我說，「帕尼絲之家的員工人都好好！我把刀子忘在桌上，都不

---

* 電影《惡女馬克白》（*Lady Macbeth*）的主角，她在謀殺了鄧肯後，拚命想洗掉手上的血跡。

會有人偷拿！」

　　然而有一次，不管廚師再怎麼假裝鎮定，或是我的後台再怎麼硬，都沒能讓我全身而退。那是一九九五年的夏天，剛進餐廳工作的我應該要所有部門都待過一輪：沙拉部、煎炒與燒烤部、木爐區及糕餅部，協助任何備料或烹調工作，盡可能讓服務流程順暢無虞。我被派到糕餅部時，那裡的人合理認為我看得懂食譜與能夠具體完成食材分量的抓取，畢竟我是一個識字的成年人，再怎麼說也接觸過烹飪與數學。結果證明他們的判斷大錯特錯，因為我在報到的第一個禮拜就犯了兩個錯，一是做薑餅蛋糕時忘

記加糖漿，二是做卡士達醬時用了兩倍份量的雞蛋——沒錯，是兩倍！你或許會想，我打到第五十顆蛋時，應該有覺得不太對勁。但是沒有，我一直到烤了數十個不能吃的布丁**之後**，才發現用了太多雞蛋。我常跟別人說自己不懂烘焙，因為我真的覺得自己天生不擅長這件事。有時我在廚房裡甚至會害得旁邊的烘焙師傅什麼都做不了，彷彿手腳被一股隱形的邪惡力量給控制住了。總之，我被踢出糕餅部，回到了沙拉區。畢竟，沙拉是我在帕尼絲之家的故事的起點，而那是好多年前的事了。

帕尼絲之家的簡易沙拉醬

這基本上是我在家會做來吃的沙拉醬，但我沒有固定用哪幾種食材來製造酸味，經常以雪莉酒、蘋果醋或檸檬汁來替代帕尼絲之家用的巴紐爾斯（Banyuls）沙拉醋。首先取日式研缽（suribachi）或研磨缽放入一瓣蒜頭與半茶匙海鹽，拿杵搗碎至半透明糊狀。倒入一大匙紅酒醋與一又二分之一大匙巴紐爾斯沙拉醋蓋過蒜末，靜置至少十分鐘，讓酸味使大蒜的辛味變得圓潤。拌入半茶匙第戎芥末醬，倒入六大匙特級初榨橄欖油，快速攪拌以使醬料乳化。最後加一點黑胡椒粒，試試味道並調整酸味與鹽量——我本身喜歡酸一點，所以醋都放比較多。如此做出來的量足以幫六人份的沙拉調味。

13

唐皮耶酒莊

　　說到在唐皮耶酒莊度過的那些夏天，暑氣最令我印象深刻
——也就是普羅旺斯（Provence）乾燥酷熱的高溫。在無情的暑
熱下，布滿沿岸地帶的松樹枝幹裡的樹液都變了質，烈陽將它們
標誌性的傘狀輪廓映成了樹根與地面接壤處的一大片暖色陰影。
以前我很愛那種強烈的氣味，雖然這通常意味著大多數的日子
裡，我曬成古銅色的手臂或大腿會沾滿難以洗除的黑色樹液，而
那些污漬又會在我到葡萄園玩耍時黏上細碎的土壤，變成奇形怪
狀、似在暗示不祥的疤痕。炎熱的氣溫與蟬的鳴聲形影不離，那
是南法的夏天盤旋不去、令人抓狂的背景音。蟬鳴與暑氣的相遇
碰撞出一種火花——它們無孔不入，穿透了肌膚，讓人與外在彷
彿融為一體：暑熱成了血液裡的溫度；蟬鳴成了器官裡迴盪的音
樂。年幼的我感覺身體有如無底洞，輕飄飄地在天地間來去自
如：像一個沒有隔膜的軀體重新回到母胎羊水的溫暖懷抱。相較
之下，我的家鄉柏克萊在夏天霧氣瀰漫，一年四季都是低溫，很

少讓人熱得不成人形。

　　打從剛出生不久、還是個肥嘟嘟的嬰兒時，我就經常去邦多的唐皮耶酒莊。唐皮耶酒莊是一座頗具聲名的釀酒廠，數十年來致力生產當地別具特色的好酒，母親更是逢人就推薦他們的玫瑰葡萄酒（也因此每天都喝）——她在帕尼絲之家當家的四十年裡，餐廳有大半日子都會供應這種酒。無論如何，唐皮耶酒莊對

我而言就像第二個家，也是屬於路西恩・佩羅（Lucien Peyraud）
與露露・佩羅的家。我從小就把他們當作自己的爺爺與奶奶，雖
然那時我不太清楚實際的家族世系，一直到長大後才知道，我和
他們不是真正的血親。（儘管如此，我依然認為自己是他們唯一
身上有唐皮耶酒莊標誌刺青的「孫女」。我十八歲時在下背部中
間刺了這個代表家庭承諾的永久印記，讀大學時都利用它在紐海
芬一間價位高得過頭的酒類專賣店取得偶爾釋出的折扣。露露還
留有一張這個刺青的照片，那近距離把我的屁股的一小部分也拍
了進去的照片，就掛在她辦公室裡相當顯眼的位置。）

　　每年夏天我們全家都會到邦多，不是與露露和路西恩一起待
在酒莊，就是住在附近的租屋處。我們會待上將近一個月的時
間，盡情享受南法悠閒的生活步調：一天之內數度到地中海岸戲
水；到市場採購食物雜貨；耐著炎熱的天氣做飯；還有帶著在其
他地方從未有過的放鬆心情小睡片刻。

　　即便在我還小、他們有許多孫子女還沒出生的時候，露露
與路西恩就已有一個成員眾多的家庭。一九一七年生於馬賽
（Marseille）、在家中排行老三的露露，記得自己在兄弟姐妹之
中，是唯一一個對父親在當時還相當落後的邦多所建立的葡萄園
事業感興趣的孩子。她在十八歲時嫁給路西恩，兩人搬到了唐皮
耶酒莊的十九世紀別墅，開始釀造慕合懷特（Mourvèdre）品種
的葡萄酒，這不僅使它們顯得與眾不同，最終也為當地出產的酒
贏得了專屬的原產地名稱控制（appellation d'origine contrôlée，

AOC）標誌。儘管飽受戰時的清貧生活所苦，但他們生了八個孩子（八個！這是獨生子女無法想像的數目），只是，其中名為菲利浦（Philippe）的兒子在嬰兒時期就夭折了。我出生時，露露與路西恩已兒孫滿堂，其中有許多人跟我同年或年紀相仿——他們家對我來說就像天堂一樣。我有兄弟姐妹，只是一年之中只有一個月是如此。

　　母親第一次去法國是正值二十幾歲，也就是一九六四年，她在加州大學柏克萊分校讀大三的時候，如今回首，是一趟歷歷如繪的初次旅行，尤其是她腦海中的印象。她說她在那個時期開始有了新的意識，「讓我清醒了過來」——她經常如此形容。那是她一次接觸到食品尚未工業化的文化：所有東西都是自產自銷，但也非常專業化。農夫飼養一小群牲畜、屠宰肉品，然後運到市場販賣，而他只是眾多農民與屠夫的其中一人——他們是天生有生意頭腦的生產者。母親到鄉間四處遊覽，吃遍各家地方餐館，享用農家廚房利用現有食材做出的自然美味：烤春雞、混雜各種香草的沙拉、普羅旺斯燉菜。她總跟我說，她在那裡有大半時間都喝蘋果酒喝到不省人事，癱躺在鄉間路旁的草地上（她驚呼，「當時我完全不知道那是**酗酒**！」）。

　　也許是內心強烈地如此希望，我總會幻想母親是在第一次到法國時遇見了露露，當時她還是個小女孩，或者還在可以被露露收養的年紀。即使我母親已有一個母親（一位善良美好的女性，我認識她的時候，她年事已高），但在我心目中，露露就

是我的外婆，或至少具有重要地位：作為精神上的母親。實際上，母親是開了餐廳之後，在一些睿智的朋友牽線下才認識露露。那時離我的出生還有很長一段時間，等到我出生後，露露在我們家的地位已經跟在自己家一樣崇高（雖然她本人身材嬌小），而且到了一百零二歲的高齡依然如此。我比露露其中一個親生的外孫女晚幾個月出生，據說她的母親原本想幫她取名為芬妮。我母親極其崇拜馬塞爾・帕尼奧爾（Marcel Pagnol，三〇年代著名的普羅旺斯作家與導演，餐廳的名字「帕尼絲」正是出自他眾多作品的其中一部），以致我的名字理所當然地從芬妮與馬呂斯（Marius）當中二選一——《芬妮》、《馬呂斯》及《凱撒》（César）電影三部曲的主角名稱。這也許是憑空捏造的故事，但我曾聽說，露露不准她女兒替外孫女取名芬妮，因為「那已經是愛莉絲家女兒的名字！」（她用法文這麼說。）她的女兒維若妮克（Veronique）——也是帕尼奧爾的粉絲——改而選擇瑪儂（Manon）這個名字，而我與瑪儂彷彿命中注定般從小就黏在一起。

　　自小在一個使用「芬妮」來簡略指涉女性臀部的國家長大的我（更別說搬去英格蘭之後遭到更無情的嘲諷），頂著這個名字造訪普羅旺斯時感到言語難以形容的寬慰與驕傲。「芬妮」這個名字不但沒讓我感到困窘，反倒就像榮譽勳章一樣！名字的由來是帕尼奧爾作品的主角！還有什麼比這更好的事呢？但你問我的話，我倒覺得有一個名字出自相同背景的朋友更棒。我與瑪儂不

只享盡露露的疼愛（她以外婆的身分極盡所能地寵溺我們），結伴在邦多四處遊玩時，也受到當地商店老闆、酒保、救生員與其他店家的喜愛。

　　一天下午，我與瑪儂——當時我們約八歲大——在徵得父母同意後出門展開我們最愛的探險活動：到邦多爾島（Bendor）旅行——那是一座地形崎嶇的島嶼，海岸線不到兩公里。邦多爾島距離邦多最大的公共海灘約零點四公里，有一間旅館、幾家餐廳與一些觀光景點。身為實業家、也是生產茴香利口酒的一間法國公司的創辦人保羅·理查（Paul Ricard）在一九五〇年買下這座島，成功將它轉型為度假勝地。當地聯外交通仰賴班次頻繁的渡輪。由於這裡距離瑪儂的母親開的海濱咖啡廳不遠〔那裡總有喝不完的法奇那（Orangina）＊，露露也會讓我喝幾小口茴香利口酒〕，因此我們的父母才會同意我們單獨出遊。當你年紀還小、沒有手錶或其他對時裝置，十分鐘的渡輪航程感覺就像一輩子那麼長。我們兩人學探險家站在船頭，全身被航行時濺起的鹹水淋得溼答答的。我們還帶了腳踏車，打算騎車環島一圈，瑪儂跟她的父親和哥哥去過邦多爾島很多次，所以她負責帶路。我跟在後面，看著她亮橘色與洋紅色條紋洋裝的裙襬隨風飄揚。我不太記得那次遠足的細節了，除了我們騎單車到島上最遠處時那種有生以來最深刻的自由感。想當然爾，就在我感覺像大人一樣自己掌

＊　法國歷史悠久的飲料品牌，是一種柳橙風味的碳酸飲料。

握了一切的那一刻，單車壓到了尖銳的石頭或玻璃而爆胎了。那股自由感瞬間轉變成了驚嚇，不只是因為父母不在身邊，更是因為我與他們相隔了一整片大海，還有年幼的自己不懂該如何解決眼前的問題。腳踏車很重，輪胎破了讓我更難牽著車子回到文明的世界。瑪儂似乎深信有人會來拯救我們。我則充滿了疑惑；腳踏車爆胎的當下，我們兩個小女孩孤拎拎地在那座島的邊陲地帶，四周只有寂靜的松樹。終於，克難地牽著車子走了大約不到二十分鐘後（感覺像好幾個小時那麼久），我們看到一間咖啡廳。

　　咖啡廳的老闆是一個看上去年約五十、有啤酒肚與鬍鬚的男人，鼓脹的腰上還圍了一片白色圍裙。他立刻就看出我們兩個小鬼頭遇到了麻煩，問我們發生什麼事。然而，就在我們正要訴說剛才一路上如何辛苦地推著爆胎的單車尋找店家、又害怕自己沒能履行向父母保證會準時搭上渡輪回家的承諾時，他問我們叫什麼名字。「瑪儂和芬妮！」我們嘰嘰喳喳地用法文回答。他的反應讓我永生難忘：那個體型魁梧的男人一聽到我們的名字，眼神頓時鄉愁滿溢——可見當地的歷史是如此深刻，兩個小女孩的名字竟足以讓人倒抽一大口氣。他往後踉蹌了幾步，彷彿有人用力刺了他的手臂。「瑪儂和芬妮？！」他不敢置信地用法文大叫。「不可能！帕尼奧爾作品裡的女孩們！不可能啊！怎麼會？！」他環顧露天的空間一周，咖啡廳裡只有幾個肯定不熟悉帕尼奧爾這號人物的外國遊客，但他們都被突如其來的叫聲嚇了一跳，

順著老闆逐漸熱淚盈眶的目光朝我們看來。「這是不可能的……你們是帕尼奧爾筆下的小女孩……是《芬妮》與《馬呂斯》電影的那個芬妮？還有《瑪儂的復仇》（*Manon des sources*）的瑪儂？」等他終於從驚訝中恢復冷靜後，他現場榨了兩杯檸檬汁給我們喝，並叫了在當技工的兒子快點過來幫忙修理腳踏車。我們在最後一刻趕上了渡輪。

鮮榨檸檬汁

　　這種法國版檸檬水是我小時候偶爾可以喝的唯一一種汽水（還有一些例外：感冒嚴重時可以喝可樂、到中餐廳吃飯時可以喝七喜、成年禮時可以喝雪莉登波，有時在法國也可以喝法奇那）。如果你在法國餐館點一杯鮮榨檸檬汁，服務生會送上用高腳玻璃杯裝半滿的現擠檸檬汁，另外還附一小瓶自來水與一碗白糖，以及一把長柄攪拌匙。我喜歡喝純濃檸檬汁，加一點糖只是為了比較好入口，那樣嘗起來就像超級無敵酸又好喝的液體檸檬糖果。

　　這個版本的滋味比較豐富，但如果再加一點檸檬皮，味道會有細微變化。若想做檸檬風味的糖漿，削一顆檸檬並將果皮放入平底深鍋，加一杯糖與一杯水熬煮，沸騰後繼續滾五分鐘。關火，將鍋子移至別處完全冷卻。要喝之前，玻璃杯放一大匙糖漿與幾顆冰塊，一顆檸檬榨汁，加入冷水或氣泡水即可。想喝甜一點的話，糖漿就多放一些。沒用完的糖漿可裝密封罐冷藏，最多保存一個月。沒有比這更好喝的檸檬汁了，那柑橘的滋味濃烈，在炎炎夏日裡無疑是最提神的飲料。

　　水果到了夏季很難存放超過一天，從你在市場買了帶回家的那刻起，它們會逐漸失去光澤。隨著時間流逝，水果會越來越容易因為碰撞而變得坑坑巴巴，或者出現挫傷而漸漸腐爛。然而，我的母親仍會忍不住在租住的房子裡四處擺放水果盤，像是在對各種自然元素下戰帖：「諒你們不敢對我的水果怎麼樣！」但它們一向沒在怕的。早上起床時，我總會聞到水果在鍋裡熬煮、從廚房一路飄送到樓上的香甜氣味。放了一碗之後熟透軟爛的李子（切除凹損的部分）跟耐不住高溫而頹縮的覆盆莓一起燉煮，也許再加入一顆從外表看不出是否熟成、但摸起來已經變軟的桃子。整顆水果連同果核加些水一起熬煮，不加任何糖。水果沒多久就煮透的味道進入一種不同的狀態，轉化成了琥珀色的氣味，聞起來並不新鮮，但溫暖而濃郁，散發果糖焦化的香氣。我喜歡吃新鮮的草莓，但很少有比草莓煮軟後溫熱酸甜的味道更令我陶醉。

　　做果醬不是母親的強項。一般而言，任何需要耐性、講究做法或分量必須拿捏精準的料理，都無法吸引她有如蜂鳥的行動般一閃而過的注意力。遺憾——或意外——的是，這點我跟她一模一樣：我煮菜都開大火，動作迅速，調味時下手重而且一向隨興抓取。我對於完全依照食譜做菜一點興趣也沒有（雖然我喜歡閱讀食譜），在烘焙方面往往厚臉皮地忽視它們的金科玉律。我的母親經常在早上熬煮、用來誘惑大家起床的這種「果醬」，其實就是多種水果燉煮而成的糊狀物；不需要果膠，愛加多少糖就加

多少，不用拿細布過濾或裝在消毒過的罐子裡。我們家都是直接拿湯匙從鍋裡舀來吃，有時也會盛好上桌，淋在優格上一起吃，碗裡如果有果核時需要特別撈出來。很偶爾會剩下一點點果醬，可以配著下午茶的麵包片一起吃：一塊麵包皮烤過、塗上奶油，再鋪一層香氣四溢的果醬。

我們在南法旅遊時做菜大多不像在家裡那樣會事先規劃——或許是因為度假的關係，而這也意味著我們可以隨時晃到廚房做點東西來吃。這不表示我們做菜時漫不經心，只是如果沒有到露露家或理查‧奧爾尼（Richard Olney）家吃飯，就會煮些簡單的料理：烤魚、一些起司、汆燙四季豆，再配上切碎的榛果與撕成條狀的烤紅椒。在露露家吃飯就比較講究了，因為儘管食材平實、做法遵循普羅旺斯的傳統，但她堅持要像以前的時代那樣正式。我們通常會坐在主飯廳，而不是圍在廚房裡的長桌。有一台用來傳遞食物、調味料、餐具或玻璃器皿的小型木製推車，從那時起成了露露的助步器。作為髖關節與肩膀曾經骨折的人，她到現在即使已屆百歲，仍拒絕使用任何行動輔助工具。那台推車放在飯廳已久的推車，完美取代了有礙觀瞻的輪椅。

我在露露家吃飯印象最深刻的那幾次，不是豪華大餐（路西恩還在世時）、就是家常小菜。那棟別墅的前院與葡萄園沒有明顯的分界，面朝一座山谷，而越過遙遠的彼端就是中世紀古城卡迪爾—祖爾（La Cadière-d'Azur）。別墅聳然而立的門面除了防風蓋與一大片木門之外沒有其他雕飾，但在前院的中央有一座磚

砌的露台，屋頂有部分與不時有露水滴下的葡萄藤涼亭交疊。我
們在夏天常來這裡用餐，享受有別於陰冷室內的暖陽。不論在哪
個季節，露露都會煮魚湯。有時是一大鍋法式海鮮什燴，得大費
周章地在院子裡用多節瘤的老藤生火，用大銅鍋熬煮；有時則在
廚房用瓦斯爐燉煮。在露露五花八門的拿手菜之中，我最喜歡的
一道料理做法十分簡單，以下大致簡述。這道菜具有露露獨家風

味的關鍵是大蒜辣椒醬，一種普羅旺斯風格十足的調味料，裡面含有蒜味蛋黃醬、麵包屑與鮟鱇等多肉魚類的水煮肝臟。

簡易魚湯

首先取出魚骨（或請魚販代勞——無論哪種方式，都需要保留骨頭與處理乾淨的魚頭）。我偏好用肉質紮實的白鮭屬魚類來煮湯：岩石斑魚、鯛魚、大比目魚或蛇齒單線魚。利用魚骨與處理乾淨的魚頭熬製高湯：將它們置於中型不銹鋼鍋，加水到淹過材料，倒入一杯乾白葡萄酒；開中大火熬煮。燉煮時記得撈去表面浮沫。

燉煮魚湯的同時來準備蔬菜：一小根韭蔥切碎、數根芹菜切碎、一根紅蘿蔔切薄片、兩瓣蒜頭對切、一顆白洋蔥切絲、一小棵茴香切薄片、一茶匙黑胡椒粒、一或兩片月桂葉、幾株百里香與幾片扁葉義大利巴西里。預留少許紅蘿蔔、韭蔥與茴香，等魚湯濾除雜質後再加入，其餘食材入鍋跟魚骨和魚頭一起燉煮。如果水位低於所有材料，再加一些水。魚湯煮滾後，轉文火慢燉二十分鐘。關火並將鍋子移開，燜個十分鐘後，再利用濾網倒至另一個中型不銹鋼鍋（或原本的鍋子洗淨後重複使用）。試一下味道，必要的話加點海鹽調味，嘗起來應該很美味。這個時候我會淋一些上等的橄欖油。將濾過的魚湯放回爐子上，文火慢燉。加入先前預留的紅蘿蔔、韭蔥與茴香，煮至軟化但不要變成糊狀（約十分鐘）。接著放入魚柳，煮約七分鐘至熟透。去皮、去籽與捏爛的完熟番茄，是露露在夏季燉煮魚湯時經常會加入的食材。如果你想加番茄的話，放魚柳時一起加入。魚肉熟了之後，每一碗盛入等量的魚肉、湯與蔬菜。佐上露露的私房大蒜辣椒醬（做法如下），或擠一大坨蒜味蛋黃醬（見第81頁），撒一點剁碎的巴西里，配大蒜麵包一起享用

（見第83頁）。

露露的私房大蒜辣椒醬

　　首先舀幾大匙滾燙的魚湯盛入碗中，倒入四分之一茶匙的番紅花粉泡開。在鍋裡倒一些魚湯，放入一塊魚肝文火慢煨（露露都用鮟鱇魚），直到魚肝變硬但仍保有粉嫩色澤。取一碗倒入一杯新鮮的麵包屑（切邊），加入泡開的番紅花粉，拿叉子壓成泥，必要的話再加一點魚湯拌成稀糊。研磨缽裡放入兩根乾辣椒，用木杵搗碎（或直接買乾辣椒粉），同時加入一大撮粗鹽與三瓣蒜頭。放入煮好的魚肝，繼續搗成均勻、濃稠又滑順的糊狀。打入一顆蛋黃，把番紅花粉與麵包屑拌成的稀糊也倒進來，用木杵快速攪拌至均勻。最後，可視喜好加入蛋黃醬，一邊攪拌，一邊慢慢倒入兩杯橄欖油。

14
密斯托拉風

　　這天早上我在狂風的呼嘯聲中起床。加州的冬天有時感覺就像南法一樣，尤其是乾燥不雨的日子。密斯托拉風（mistral）——由法國南岸吹向利翁灣（Gulf of Lion，地中海北部一處廣闊海灣）的強勁西北風——是我從小就熟悉的一種季風。第一個帶我認識密斯托拉風的人應該是露露，她描述的口吻聽來就像回味一位熟悉的老朋友，那位好友雖然過世已久，但仍不時回來拜訪大家。中午大家吃完飯後各自回房休息，我則在酒莊閣樓的房間裡度過午後，躺在床上聽著百葉窗被強風吹得不斷拍打窗框，看著日光折射的七色光彩在自己的胸口與床單上搖曳舞動，感覺身邊彷彿真的有幽魂。

　　那樣的強風有一種魔力，可以影響人一整天的心情，讓人感覺身處戶外，周遭的氛圍彷彿充了電地歡欣鼓舞。我喜歡密斯托拉風，喜歡它吹拂遠處農田飄散的白煙、將焚燒雜草的氣味帶來酒莊的門前，喜歡它吹來海鷗散落在沙灘上的羽毛，喜歡它讓落

羽杉像得了關節炎似地嘎吱作響。我也有點害怕密斯托拉風，擔心它持續多日不見轉弱，使漁夫無法出海、萬物沉寂無聲，還有如果那年氣候乾燥少雨，葡萄農還得憂心一丁點火花出現整座果園就會燒成一片。強風來襲時，什麼聲音都聽不到，不論是蟬鼓動翅膀、岸邊礁石濺起浪花，還是不遠處高速公路上車輛奔馳而過（那座公路於一九七四年興建，地點就在酒莊的外圍，每次我們來訪，母親都嫌棄它的外觀，雖然最近她不再抱怨了）。密斯托拉風宛如帶有一種顏色，彷彿可以透現空氣紋理與凝聚日光，但那從來都不是夏日暖陽的顏色——而是遠方海域在冬季時為南法帶來寒意的冷冽色調。

密斯托拉風來襲的期間，我們被迫在室內用餐，桌上也不見任何魚肉。事實上，露露家特別為這段期間設計了專屬菜單，那些料理食材都不是依賴平靜海象才能捕獲的海鮮。我也感覺得出來，即使露露自認與密斯托拉風有點投契（可能是彼此都淘氣搞怪的個性），但如果風季持續太久，使她無法每天都到海邊游泳或到濱海薩納利（Sanary-sur-Mer）的海岸散步，或者——更沮喪的是——苦無自己最愛吃的魚可煮，她就會開始焦躁不安。這也是為什麼每當想起多風的日子，我腦中就會浮現室內一片陰冷幽暗的畫面——厚重的木質百葉窗緊緊閉上，以免強風吹得它們啪啪作響，甚至將窗戶震得粉碎。露露會點燃廚房壁爐的柴火，而大家圍在爐前，聽著狂風在煙囪裡呼嘯，大口吸走葡萄藤燃燒的煙霧後又倒灌回來，就像個任性的孩子吃飯吃到一半突然把食

物全吐出來。

　　無魚可吃的這些日子裡，餐桌上有時會出現烤羊腿（法文作 gigot d'agneau à la ficelle），這道料理的做法是用線繩將羊腿從腳踝到臀部繞圈綁緊，懸吊在爐火上慢慢烤熟。像這樣將羊腿綁起來掛在煙道下方後，露露便會不時轉動那根橫木，讓羊腿均勻受熱。一開始快速旋轉，像僧侶催眠般地轉圈跳舞那樣，之後放慢速度，讓羊腿隨著物理慣性緩緩轉動。等到羊腿因為重力而停止旋轉，露露會走過去再次轉動木棒，每隔一段時間，就拿迷迭香沾取羊腿烘烤時滴落在盤子上的油脂刷上一層。那些油滋滋的羊腿被柴火映得光亮，閃爍著黃澄澄的光芒，宛如鍍上一層金箔。我可以好幾個小時都坐在壁爐前看羊腿不停轉動，看得累了，肉也差不多熟了，因為柴火必須溫度夠高但不能過於炙熱，讓高溫極其緩慢地滲透與焦化肉質。這是願意耐心等待的人才吃得到的料理，也是獻給喜歡在廚房裡欣賞烹調過程的人的一道佳餚。當然，如果你想擺脫孩子的吵鬧與糾纏、享受一段不受打擾的做菜時光，烤羊腿是一個好選擇。這種不使用任何機械的旋轉烤肉法，至今依然是露露神奇才能之一，而如此簡易與優雅的烹調方式，讓我整個早上都捨不得離開廚房。當然，這也表示她會請我幫忙處理一些瑣碎的步驟，像是剝蒜頭、摘掉香薄荷莖枝上的葉子，或是挖除乾醃黑橄欖（常見於許多普羅旺斯料理的食材）的果核，方便她製作鄉村風味的酸豆橄欖醬。

　　羊腿通常會在早上烤好，以備中午享用，而午餐一向是一天

當中最豐盛而隆重的一餐。大家都不想在睡前吃得太飽，但午餐可就不同了。大夥兒將幾張長桌拼得幾乎占滿了前院的露台、熱鬧地吃飯閒聊的情景，只有在中午才會出現，晚餐時間絕對看不到。在飯廳使用精緻的陶瓷與銀製器具享用正式餐點，同樣也是午餐會看到的畫面。雖然露露不是一個拘謹的人，但她漸漸迷上了在正式的飯廳裡端莊用餐、使用祖傳的典雅瓷器與餐具的儀式感，尤其是上了年紀之後。已屆百歲高齡的她對物品毫不感情用事（其實她經常偷偷將家中的小碗碟或其他紀念品塞進我們的行李箱），但她熱愛餐桌上的儀式。我的母親從她身上學到了開朗與慷慨的作風，而我也從她們兩人身上學到了許多事，譬如我在廚房裡與餐桌上的習慣就繼承了露露的風格（或至少我希望如此），甚至還蒐集了一個個像唐皮耶酒莊裡那種扇貝形狀的骨瓷餐盤。此外，依照她的傳統，我不管準備了多少東西，只要是請朋友來家裡吃飯時，從不拒絕不速之客。露露的餐桌上總是有空間可以多容納一個人，考慮到她有三十多個孫子女與曾孫子女，會有這種習慣非常合理。而這種做法自然也延伸到了母親的餐桌上。我們家有一句名言：飯廳坐不下的話，再加張桌子和椅子就好，大門永遠為客人敞開，意思就是，我們隨時歡迎熟人帶朋友、孩子或伴侶來玩。

烤羊腿

　　這道菜不適合膽小鬼，也不適合家中沒有壁爐的人。不過，如果你家廚房有壁爐，或你願意在客廳壁爐做一道十分美味又香氣濃郁的料理，可以至少嘗試一次。此外，你還得具備冒險精神與一些用具。壁爐檯下方必須架設一支金屬橫樑或掛鉤，位置得高到足以將羊腿懸掛離壁爐底部約十幾公分。提前生火，以確保火勢夠大、夠持久，另外也得不時添加木柴。理查‧奧爾尼將這道食譜寫進了《露露的普羅旺斯料理》（*Lulu's Provençal Table*）一書，貼切地描述這是「烘烤羊腿最原始、也最令人滿足的一種方式」。

　　將快三公斤重的羊腿（去除髖骨，但保留腿骨與腳踝）放到大盤子裡。表面抹上大量的優質橄欖油、八瓣剝皮且壓碎的蒜頭、幾大匙上等海鹽及香草碎末──幾片月桂葉及幾株百里香、香薄荷與巴西里。妥善包覆後冷藏一晚。

　　生火並不時添加木柴。從冰箱取出羊腿回溫（應在烹調的至少前三個小時進行）。取一容器倒入幾大口橄欖油，加入鹽巴、胡椒粉、一顆檸檬擠汁與一大撮辣椒粉。抹去羊腿表面上的蒜頭，將滴落的油脂倒入剛才調製的油料裡。取料理用粗繩的一端綁住羊腿的脛骨，另一端繫在先前提到的橫柱或鉤子上，將羊腿懸掛在火爐中央的正前方。調整木柴的位置，讓爐火中心對準羊腿，分別從兩側添加木柴，這樣才能將燒到熾紅的木頭推到中央，也就是羊腿的後方。在下方放一個平底鍋盛接滴下來的油脂。用力轉動羊腿，慣性就會發揮作用──朝一個方向旋轉，然後再轉向另一邊，你只需要偶爾轉動一下即可。不時可以多轉幾下。

　　約十五分鐘後，開始定時替羊腿刷上油液。拿一根細長堅硬的迷迭香沾取油料，一邊轉動羊腿、一邊均勻塗在表面上。柴火須保持熱度。

一個半小時後，停止添加木柴，讓爐火燃燒殆盡。羊腿要烤到熟透一共約需兩個小時，可拿探針溫度計測量內部溫度，如果達到約攝氏五十五度就表示熟了。羊腿取下放在大淺盤裡，覆上一層鋁箔紙並靜置十五分鐘。倒掉羊腿烘烤時滴落的油脂。將羊腿切成小塊，每一份都淋上一點油汁。

　　另一道經典的「密斯托拉風料理」是露露的私房菜羅勒香蒜濃湯（Soupe au Pistou）。餐桌上如果出現烤羊腿，一定也會有這道菜，因為她會剩餘的羊骨拿來燉湯，如此熬成的美味汁液便是羅勒香蒜濃湯的基底。鄉村風味的雜燴配上她親手搗製的香蒜醬，是她的拿手菜當中我最愛吃的其中一道。就我所知，這道濃湯的食材完全可依照季節自由更換，但重點是要使用種類豐富的大量蔬菜。露露在夏季煮的羅勒香蒜濃湯一向有炒蔬菜（切丁的洋蔥、芹菜、紅蘿蔔與少許蒜末），等到蔬菜呈半透明微焦，就加入羊骨湯熬煮。在這個步驟，她還會加入切丁的美洲南瓜或其他新鮮的夏季瓜果、去絲後切成小段的四季豆及事先備好的各種去殼莢豆（可能還有一些白色笛豆或紅點豆），煮到所有蔬菜變軟與乳化。燉煮約十分鐘讓這些食材的味道在羊骨湯中充分交融後（美洲南瓜不能煮得太軟），她會拿幾顆小番茄撕去外皮、用手輕輕剝開後丟入湯裡。羅勒醬是絕對不可少的材料（嘗起來感覺羅勒與大蒜的比例各占一半），露露會加入大量的橄欖油與少許帕瑪森起司（如果手邊有的話）來稀釋它的濃烈味道。到了

冬天，她會使用胡桃南瓜代替美洲南瓜、煸過的莢豆代替新鮮的豆子，四季豆就不加了。到了秋冬時節，我的母親有時會在湯裡加入煮過的法羅麥（farro），讓食材更加豐富。如果你買不到羅勒，用搗碎的巴西里與奧勒岡葉做成的醬料也很美味（只是別忘了加大蒜！）。然而，我做這道湯品，是為了重溫從露露手中的研磨缽飄散而出的羅勒氣味，那種味道猶如香水般醉人——讓人想起密斯托拉風來襲、將萬物吹得東倒西歪的日子裡，她在涼爽的廚房悠悠煮食的身影。

15

小海鷗

雖然唐皮耶酒莊有一棟占地頗大的別墅，但我們夏天到南法度假時很少住在那裡。母親不喜歡辜負露露的熱情，總是應邀去她家作客。不過，她也希望擁有一個屬於自己的廚房，一個她可以自由穿梭、興致來了就煮點東西的地方，而不是感覺三餐都受限於主人家的胃口。我印象最深刻在那裡租過一棟名叫小海鷗（法文作 Les Petites Mouettes）的旅宿，地點就在離邦多市中心幾分鐘車程的海邊。該區的蔚藍海岸（Côte d'Azur）有好幾座沙灘；那裡的海岬地勢陡峭，有些與海面落差極大。那條景色壯麗的海岸線名為卡朗格斯（Calanques），是邦多以西不遠處的一個保護區，地質與更有名的多佛白色懸崖（White Cliffs of Dover）相似，不過是由地中海的深灰色火山岩所組成。

那棟房子不算完全坐落在懸崖上，但通往海邊的「道路」，與其說是一條宜人的海岸曲徑，不如說是必須手腳並用攀越一堆銳利巨石的崎嶇小徑。越過石堆到達平坦處後，必須從岩石上彎

身躍下才能泡進水裡——沒有其他更和緩的方法了。這正是我母親在那兒很少游泳的原因（她理想中適合下水游泳的溫度，是像盛夏時節的夏威夷海域那樣的高溫）。雖然如此，露露的兒子法蘭索瓦（François）會帶親朋好友的孩子們到小海鷗所處的海灣保護區域潛水，尋覓海膽的蹤跡。也就是說，**他**去潛水，而我們待在離海水最近的岩石上，期待看到他的收穫。他浮出水面時，雙手捧著滿滿的多刺紫色生物——牠們可怕的盔甲絲毫阻止不了無所畏懼的掠食者。我不記得法蘭索瓦是不是有從他那小得

可以的潛水袋抽出一把折刀，但如果他用的刀子是海底撿來的黑曜石，我也不會覺得驚訝。無論如何，他當場剖了一些海膽給我們嘗鮮。在那之前我應該有吃過海膽，因為這種海鮮在加州並非全進口自外地〔門多西諾（Mendocino）與聖塔芭芭拉（Santa Barbara）的海域都有出產〕，但這無疑是我吃海膽印象最深刻的一次經驗。法蘭索瓦剝開布滿尖刺的外殼，我們幾個孩子小心翼

翼地伸手挖出不停抖動的一團黃橘色物體，唯一的佐料是海水的鹹味。我很小就愛吃牡蠣和魚卵，所以吃海膽對我的味蕾來說不是什麼挑戰，但我清楚記得那次入口時衝擊力十足的味道，既有土味又有海味，吃起來既像奶油、又像魚肉，還帶有果香味，就像微微過熟的蜜桃。母親看到豐收的漁獲總會欣喜若狂。那幾天晚上她會煮義大利麵，將海膽拌點奶油做成醬汁，替麵條鋪上薄薄一層金色外衣，整道菜就煥然一新。

　　法蘭索瓦的覓食技能不限於大海（雖然他從小就在水裡優游自得）；他對這塊土地非常熟悉。在唐皮耶酒莊從事葡萄栽培多年的他盡心盡力照顧作物，細心觀察它們的生氣、需求與習性——這是我很少看到的農學素養。我父親總說，好酒多在葡萄園，而不是在酒桶裡，如果此話當真，那法蘭索瓦對唐皮耶酒莊出產的葡萄酒品質所負的責任可大了（但他哥哥尚恩—瑪利（Jean-Marie）的影響力也不容小覷——他在路西恩退休後成為釀酒商）。至少有數十年的時間，法蘭索瓦一直悉心照料家族擁有的地產，包含散布於酒莊與周圍丘陵之間的數片土地。其他三座葡萄園有著美妙的普羅旺斯名稱，密古瓦（La Migoua）、都汀（La Tourtine）與卡巴薩烏（Cabassaou），它們釀造的獨特葡萄酒也以此為名。我從來都不了解這些葡萄園有何分別（那些作物全都生長於同樣多岩的土壤，只是地勢高度有些微差距而已），但它們釀造出來的醇酒明顯不同（而且售價日益高漲，這似乎也跟產量珍稀有關）。父親向我解說了許多相關知識，也曾帶我去

品酒（不論是唐皮耶酒莊或造訪其他古老的葡萄園），讓我學習
如何分辨各種好酒在風味上的細微差異。那些場地往往是霉味瀰
漫且蜘蛛絲密布的洞穴，而我向來是現場唯一的兒童。八歲大的
我稱不上是品酒神童，只是喜歡跟在父親身旁，在他的耐心指導
下，學習品酒時如何利用舌頭的抖動使味蕾充滿酒的風味，接著
舌頭捲成管狀以將一整口的酒液吐到痰盂。這個動作我熟練得

很，而在那些與一群年長的男性釀酒師一起品酒的時刻，我想必也讓父親感到前所未有的驕傲。他也教我一隻手掌心朝上凹成杯狀握起玻璃杯，利用手心的溫度暖杯，同時另一隻手穩穩按住杯口，將酒的香氣鎖在杯裡。「輕輕搖動，」他說，「拿起酒杯靠近鼻子，手再離開杯口。接著吸一口氣。」他總要我分析酒的各種氣味——這支充滿過熟莓果的香氣，那支帶有潮濕土壤的氣味，另一支有乾草味等等。不論他當時知不知道，但他幫助我的鼻子培養出一定的敏銳度，而在我長大後，這樣的嗅覺讓家裡的每個人痛苦萬分，當然，除了大家談論葡萄酒的時候以外。

儘管如此，露露興致來了會開個好幾瓶釀自酒莊附近葡萄園的醇酒〔等級是經典特釀（Cuvée Classique）〕——卡巴薩烏葡萄園出產的紅酒只有非常少數可耐光照。以露露喝酒的速度來看，如果葡萄園每天都得為她提供幾瓶稀有的上等紅酒，恐怕會破產。打從我認識露露以來，我就知道她光靠自己就能輕鬆解決至少一瓶紅酒，還可以保持神智清醒。母親認為這是她長壽的關鍵，我也有同感。唐皮耶酒莊的紅酒在偽裝成保健品這方面頗有兩把刷子，尤其是在產地喝的時候——讓人感覺喝得越多，身體就越健康。小時候我曾問露露，為什麼她從不喝水——除了紅酒、偶爾一杯香檳與睡前小小一杯藥草茶以外，我看她很少喝其他飲料。她露出搞怪的眼神用法文回答，「我從來都不喝水！喝水腦子會生鏽！」

　　法蘭索瓦不只會種葡萄，也是當地可食用野生植物的專家，而且跟他母親一樣擅長將普羅旺斯野外濃烈的芳醇風味全都融入家常菜。諸如野生的香薄荷、長在路邊的綠茴香籽及野生櫻桃的果核，都時常出現在他家的廚房。順帶一提，他也是我小時候遇過廚藝最好的人之一。我總期待受邀到他家來一杯開胃酒，如果是白天招待客人，他有時會用炭火炙烤淡菜，那是我最愛吃的食物。我不覺得透過其他方式料理淡菜會比這個做法更美味。他將一種扁平、造型簡單的方形烤架（有點類似我母親的托斯卡尼烤架），懸吊在葡萄藤幼芽（法文作 sarment）的上方，這種木柴即使燒成了灰燼，依舊保有纖細的植物形體。法蘭索瓦會撬開淡菜的外殼，將每一顆開口朝上放在烤架，沾滿用唐皮耶酒莊裡紋路斑駁的老橄欖樹的果實榨取的橄欖油，最後撒上一些現磨的黑胡椒粒。等待的同時，大家津津有味地吃著他利用餘燼及野生茴香的綠色花朵和種籽所醃漬的綠橄欖碎乾。烤架上的那些淡菜一個個隨著殼裡的鹽水沸騰而啵啵作響。就在它們完全熟透之際，法蘭索瓦一一夾起，而他溫柔婉約的妻子寶拉（Paule）將淡菜盛在大淺盤裡，加上她親手做的吐司一塊兒遞給我們享用。鮮甜的海味、葡萄藤煙燻過後彷彿無花果的氣味；還有橄欖油與淡菜熟了之後流出的湯液完美交融，每一顆都肥美多汁又有著濃濃的炭燒味。

茴香風味橄欖

如果要像法蘭索瓦那樣醃漬橄欖，需要採摘或購買生的小顆青橄欖，拿槌子輕輕敲開外殼，用葡萄藤枝燒成的灰燼與海鹽鹵水瀝掉橄欖的辛辣味，並用新鮮的綠色茴香花調味，還得等上好一段時間。我的家人多次嘗試醃橄欖（尤其是來自西西里的鐵匠朋友安傑洛・加羅），但都不太成功。去除橄欖天然的苦味並不容易，在醃漬過程中調味得恰到好處更是困難。以下提供類似法蘭索瓦特製橄欖的簡略做法。

一般人從超市買來橄欖，很少會想到要醃泡或額外調味，但多了這一、兩個動作，就能為已經醃好的橄欖增添一點香氣與溫度，讓它變身為更美味的開胃菜或下酒菜。首先準備一杯橄欖，最好是皮肖利（Picholine）、卡斯特爾韋特拉諾（Castelvetrano）或盧卡（Lucques）等綠色品種。濾掉鹵水，將它們放到平底煎鍋，加入一大把茴香籽、幾株百里香、一大口特級初榨橄欖油，拿一顆柳橙與一顆檸檬用削皮刀或蔬菜去皮器將果皮刨成扁平細條後丟入。小火慢炒橄欖幾分鐘後趁熱上桌。

炭烤淡菜

現在很難找到品質良好的新鮮淡菜了。我與母親幾乎不吃淡菜，因為牠們特別容易受到汙染——總感覺對健康有風險。儘管如此，我們很難抗拒法蘭索瓦的精湛廚藝、還有炭烤帶來的香氣——這種做法跟聽起來一樣簡單。如果你決定做這道菜，請務必確認淡菜的來源，並詢問魚販產地在哪與新不新鮮（淡菜不應放超過一或兩天，而且最好來自環境無虞的當地產區）。你可以像法蘭索瓦那樣在戶外懸吊烤架生火烘烤，

也可以用現成的燒烤架。無論如何，請務必使用不會冒黑煙、而且香氣可以增添淡菜風味的木柴——淡菜會大量吸附煙燻味。法蘭索瓦一向使用葡萄藤的枯枝，如果你有這種木柴是最理想的，但無花果樹或蘋果樹的根枝也很好，假使找不到其他果樹，橡樹也可以。用冷水徹底洗淨淡菜，戴上手套、拿生蠔刀橇開並丟棄上方的外殼。每打開一個都聞一聞，氣味不對就丟掉。處理好的淡菜放在大淺盤上，每個都滴一點特級初榨橄欖油、撒上現磨黑胡椒粒與一小撮灰鹽（sel gris）。等木柴燒熱冒出火花後，烤架設在炭火正上方，然後將淡菜一個個放上烤架。我喜歡放上幾片老麵做成的吐司片一起烤。吐司邊緣略微上色時，抹上一瓣對切的蒜頭、滴一點橄欖油，等淡菜熟了之後配著吃。當淡菜發出嘶嘶聲、肉開始收縮且變成白色，就是熟了。這時可從烤架取下，趁熱享用。

　　我記憶中夏天在邦多享用的豐盛饗宴大多是在唐皮耶酒莊舉行，但母親偶爾會邀大家來我們寄宿的小海鷗吃晚餐。這通常是在夏季接近尾聲、那棟房子開始像自己家一樣的時候——意思就是門窗長出了綠鏽，因為我們經常下廚、在室內點迷迭香，還有每次從海邊游泳回來全身溼答答地走來走去，讓房間地上都是沙子與海水，然後一屁股直接坐在沙發上。假期快結束的那幾天，家裡到處都是從筆記本撕下、畫得五顏六色的紙張。鮑伯會把客廳改造成臨時工作室，讓整間屋子看起來一副明顯有人在這個夏天想像力爆棚的模樣：成堆的油性粉蠟筆、臨時湊成的畫架與一團團色鉛筆的屑屑。我永遠忘不了某年夏天，我們住在二樓有一

座廣闊陽台的房子，而陽臺外面就是一大棵昂然聳立的棕櫚樹。每天早上我與鮑伯對著那棵樹寫生，每次的主題都不一樣。他說，「這次只畫棕櫚樹被陽光照到的部分。」；隔天早上則說，「只畫陰影的部分。」我最喜歡的主題，是想像自己是一隻螞蟻，畫出爬上那棵樹時所看到的樣子。沒有人比鮑伯更有創意或耐心了。

　　總之，為了在小海鷗舉辦的盛宴，我的母親不只會邀請佩羅家的朋友，也會找來我的教父科密特‧林區（Kermit Lynch）及他的妻子蓋兒‧斯科夫（Gail Skoff）〔他們夏天都待在附近的勒博塞（Le Beausset）〕；理查‧奧爾尼，他在索利耶圖卡（Solliès-Toucas）的丘陵上擁有一座天堂般的烹飪綠洲；我的教母瑪蒂娜（Martine）與她的先生克勞德（Claude），他們住在尼斯附近的小城凡斯（Vence）；甚至還有住在博尼約（Bonnieux）的娜塔莉‧瓦格（Nathalie Waag），他是瑪蒂娜與露露的老友，也是亞歷山卓（Alexandre）與傑宏（Jérôme）的母親（後者在二十年後成了帕尼絲之家的主廚）。

　　大家齊聚在空間寬敞、地面散落細長褐色松針的後陽台享用開胃酒，而瑪蒂娜會為我特製一杯由紅酒醋與汽泡水調成的「雞尾酒」。隨著午後時光的流逝，開胃酒時間一路延長到晚餐時刻。瑪蒂娜夫婦會跟理查一起吞雲吐霧，後者不論場合有多莊重，永遠都穿刷破牛仔短褲、一雙平底草編鞋與一件鈕扣式短袖襯衫，上衣總是開了一大截露出古銅色的凸肚。那時理查已

在烹飪界享有盛名，出版了《法式料理食譜》（*The French Menu Cookbook*）與《簡單易上手的法式料理》（*Simple French Food*）——這兩本書對我母親影響甚深——並於一九七七年獲任為二十八本新時代好廚師（Time- Life Good Cook）叢書的總編輯。在他與茱莉亞・柴爾德（Julia Child）的努力下，這些著作成為幫助英語母語者分門別類地認識與熟悉法式料理的其中一股推力。他也與露露合作，將她所有的道地食譜改編並出版為《露露的普羅旺斯料理》，這本書在我家享有聖經般的崇高地位。對當時九歲的我而言，理查時常板著一張臉、態度冷淡（至少對我是如此），是一個具有縫紉天賦又剛好擅長做歐姆蛋的同性戀叔叔。另一方面，我的母親視他為神一般的存在。那些日子的飯局通常都沒有要求每個人各自準備一道菜，但不知為何最後都會演變成這種形式。要這麼多的烹飪高手聚在一個小小的空間、但不讓大家展現廚藝（或至少對每道料理品頭論足），簡直是不可能的事。每到這種場合，娜塔莉往往會帶上我最愛的其中一種沙拉會用到的食材（她知道我有多喜歡吃這道沙拉），讓我跟她一起準備。這道沙拉的食材有，川燙過的四季豆、烤過並切絲的紅椒、個頭迷你的酒杯蘑菇、烘烤榛果、剁碎的巴西里葉與胡桃油醋。

　　我們會先剝掉四季豆的兩端，將那些蒂頭從陽台丟到海裡。接著，把豆子放進裝有濃鹽水的平底鍋快速燙過，鋪在茶巾上吸乾水分。然後用爐火烘烤紅椒直到完全焦化，散發誘人香味，使每個人都放下手邊的菸與停止交談，期待起稍後的晚餐。「這樣

不會太焦嗎？」我拿著長柄鉗替紅椒翻面時，瑪蒂娜問道。烤好之後，娜塔莉迅速將紅椒裝進碗裡並拿盤子蓋上，以便等下可輕易剝除表皮。紅椒冷卻後，我小心翼翼地將它們斜切成條狀，清除裡頭像糖果一樣的小顆白籽與任何殘留的皮膜。娜塔莉接著拿平底煎鍋放入酒杯蘑菇、少許蒜末與橄欖油，炒至香味溢出與軟化但還不到出水的程度。

　　在此同時，母親只拿了幾塊防火磚與二手店買來的烤架，就在鋪有磁磚的陽台上臨時搭起了那肯定會使我們無法拿回租屋押金的烤架，放上一只鑄鐵平底鍋開始烘起榛果來。最後，我拿一瓣蒜頭搗碎並加鹽，而娜塔莉會倒入檸檬汁與紅酒醋浸泡個幾分鐘做醬汁。她知道我母親從來不買胡桃油，因此每次都會帶一瓶過來，並偷偷倒進碗裡，彷彿這是違禁品一樣。母親之所以對堅果油反感，基本上是因為這種油很快就腐壞。一旦買了胡桃油，煮菜時就得大量使用才不會浪費錢，而即使如此，你還得試過各個品牌的味道，如果開瓶後聞到一絲絲腐臭味，必須狠得下心丟棄或願意拿回店裡退換。當然了，娜塔莉從博尼約的雜貨店買來的油既新鮮又有濃郁的堅果氣味——我喜歡胡桃油散發的特殊氣味，尤其是用來補足烤榛果獨特卻又與此類似的風味。在娜塔莉雙手並用替四季豆、蘑菇、堅果、巴西里與紅椒拌上油醋醬的同時，我的母親也從烤架上取出熟度完美適中的迷迭香羊排——法國肉舖賣的羊排一向比美國肉多與少油。九歲的我一想到羊排邊緣泛著油光、半透明的肥厚口感，還是會怕。這時母親會叉走我

盤裡的羊排，一邊吃得津津有味，一邊說我們就像鵝媽媽童謠（Mother Goose Rhymes）裡的傑克·斯培瑞特（Jack Sprat）和他的妻子（傑克不吃油脂，她的妻子不吃瘦肉，所以「互補的兩人總是把盤子舔得乾乾淨淨」）。

　　隨著夜幕低垂、惱人的蚊子開始出沒，母親會在陽台靠外邊的那端點起線香——我想那應該是用雛菊萃取的殺蟲劑粉末做成的。我看著線香的煙霧冉冉升起，擋不住睡意而漸漸像隻昏迷的蛇一樣蜷縮在椅子上。我不記得那些持續一整天的大餐最後都是怎麼收尾的，因為總會有某個人（可能是我的父親或鮑伯）一把將我抱到樓上的房間，讓我在軟綿綿的被窩裡香甜入睡。

16
晴朗早晨別墅

　　雖然瑪蒂娜與克勞德從柏克萊時期就是我母親的好友（在七〇年代，他們因為克勞德攻讀數學後博士學位而久居當地），但我出生時，他們已經搬回法國，住在名為凡斯的南部小鎮。之後，他們又從凡斯搬到了蒙彼利埃（Montpellier）的郊區，而其實他們在巴黎一直有一間小公寓，但我只去過晴朗早晨別墅（La Villa des Clairs Matins）拜訪過他們。我的童年記憶裡有許多美麗的房子，那些充滿回憶的地方是我父母一些比較特立獨行或具有藝術家性格的朋友的住處，但是，瑪蒂娜與克勞德的家與眾不同。

　　要到那裡，必須先征服一條向下傾斜四十五度的車道，克勞德那台老舊的粉藍色雪鐵龍開到那裡的時候都寸步難行。每次我的父母都有點擔心租來的車子撐不過那陡峭的下坡，還有返程時它的馬力會不會無法爬上斜坡。當然了，以我父親華特斯‧辛格的名義租來的車子，沒有一台回到赫茲租車公司（The Hertz

Corporation）的停車場時依然亮麗如新。即使車子安然度過瑪蒂娜與克勞德家外面那條車道，也總會在母親的駕駛下擦到路邊的柏木圍籬或刮到葡萄園狹窄的出入口。晴朗早晨別墅當然有一扇前門，但所處山丘的底部有一座花園，而那裡的草地變成了車道的碎石路。要進入那棟房子，我們一定會經過這片半人工的草地——從後門走上台階便會直接進入廚房（那是任何時候你在瑪蒂娜家都想待著不走的地方）。這是因為，雖然瑪蒂娜是一位職業藝術家，但她就跟我遇過的其他烹飪大師一樣，進了廚房就散發一股銳不可擋的氣勢，靈感源源不絕，宛如手中握著五顏六色的水彩，準備在一大片空白畫布上大顯神通。

我們從來不在瑪蒂娜與克勞德家久留，因為他們的熱情好客總帶有某種近乎輕蔑的態度。意思就是：起初我們受到溫暖誠摯的招待，但不久後一旦我們身為美國人對某種便利性的胃口（譬如消耗過多的熱水）開始傷害生性儉樸的東道主的感情，他們就會想委婉地下逐客令。屋裡的一切井然有序，而我們這些外國人帶來了混亂。瑪蒂娜儘管在「名義上」是我的教母，但並未因此放開情感上的矜持——我知道她愛我，但她總是態度冷漠（想必有些人會說，「法國人就是這樣」）。但久而久之，她一貫的嚴肅態度開始讓我有一種安全感，而且無論如何，還有個性樂天的克勞德可以帶給我溫暖，他的親切一向讓我想到法文一個形容詞「chaleureux」（字面翻譯是「溫暖熱情」，但唸起來有一種英文所沒有的生動）。

　　瑪蒂娜身材瘦高，長相脫俗。她總是留著一頭烏黑捲翹的鮑伯短髮與清湯掛麵的瀏海，塗栗紅色的唇膏，嘬著一張像永遠定格在三○年代電影銀幕上的嘴。她的衣著一向充滿濃濃的年代感：身上是做工精緻、腳踝處繡有花邊的中國縐紗，腳上是綴有緞帶的平底麻繩涼鞋，手腕上戴有煮飯時會晃來晃去的手鐲。有時她會穿線條感十足、有印花圖案的夾克〔出自在凡斯從事織品設計的姐姐（Hélène）之手〕，或一條剪裁略帶日式風的褲子。她的穿著時髦前衛，卻也散發濃濃的波西米亞風，而不同服飾的搭配讓她穿出完全屬於自己的一種風格。在這方面，克勞德與她極為相像：身材矮了點、胖了點，輪廓沒那麼精緻，但面容和善老實，一雙渾圓大眼在說故事時很有戲。他們年輕時的照片十分迷人。瑪蒂娜嘬嘴時的唇線簡直跟電影中的明星如出一轍；她的魅力在照片中顯露無遺。當時的克勞德——體型比現在瘦、下巴線條分明——屈服在瑪蒂娜嚴肅的堅定目光下；他們神情莊嚴地定格在黑白色調之中，是那樣美麗動人。

　　這棟房子是瑪蒂娜的傑作。她是那種與其說是為了實現藝術、不如說是順從內心衝動而創作的藝術家；這樣的精神體現在她接觸過的所有事物上。在這方面，她像極了我的母親（或者應該說我的母親像極了她？）。這棟房子無疑繼承了數世紀來累積的綠鏽（地板鋪的磁磚久經磨損，百葉窗在長年的陽光曝曬下褪成淡藍色），但瑪蒂娜在租下這間別墅的四十多年裡，將每一個角落都照顧到了。她素有二手市集女王與跳蚤市場皇后之稱

——沒有人能像她那樣挖掘稀世珍寶。沒有人能以如此精準的直覺與成功實現儉約的生活，那種購物時百般挑選、卻又似乎不感興趣的態度，讓她能用最划算的價格買到最嚮往的寶物。我母親總說，是瑪蒂娜教會她如何買骨董。這件事讓人難以置信，因為母親是出了名地眼光獨到，向來不願在美學上妥協。但是，跟她們一起去跳蚤市場挖寶，很容易就可看出誰是學生、誰是老師。瑪蒂娜一眼就能看出物品的底細；我的母親則是左看右看了十五分鐘之後，仍在猶豫是否要買一套香檳杯，但瑪蒂娜早早就跟她說，「太貴了，愛莉絲！你瘋了不成？」。瑪蒂娜說的沒錯，因為到了下一攤，就會看到質感更好、價格更便宜的同款商品，而那些東西將會被我們帶回家，費心用衣服包得密不透風，再放進行李箱大老遠帶回美國。

　　瑪蒂娜收藏古董與做手工藝的天賦，在晴朗早晨別墅的每一個房間展露無遺。房間各有一或數盞檯燈，紙燈罩上的圖案由她親手印刷或繪製而成。她撿來的每一座沙發、床架、椅子或沙發床上（她很少買新的家具），都放有數個她親手繡上姐姐所設計的織物或自己創作的圖飾。新藝術派（art nouveau）風格的壁紙，縫有串珠的絲簾，浴缸邊窗檯擺放的一系列淡藍色水瓶，懸吊在天花板、有著蛇形捲鬚的植栽——這個地方感覺就像一齣以威瑪時代的德國（Weimar Germany）為背景的舞台劇的布景。幾面牆上架有燭檯；書桌或五斗櫃上擺放鑲有銅框的鏡子，鏡面布滿長時間累積的污斑；在那棟燈光始終昏暗的房子裡，照鏡子

時看到的模樣總是楚楚動人。在樓下的浴室如廁後，我喜歡多待一下子，好好欣賞釘在牆上的剪報與印有流行資訊的傳單。那些紙張邊緣捲翹，但還沒破損到文字模糊難辨的程度，包含印有面貌姣好的模特兒身穿低胸內衣的黑白廣告傳單、情人節卡片、寄自無名沙灘小鎮的明信片和全家照。

　　房子後方的花園種滿各式各樣的花卉與蔬菜，那兒有幾塊分界模糊的菜田，還有一片自然生長的草地，散落著樹上掉下來的李子或其他熟過了頭的當季水果。到了晚夏時節，會有好幾種香草爭相開花結籽；一些生長快速的萵苣像植物界的摩天大樓般，聳立於低矮的野草莓叢或根枝沿著地面蔓生的櫛瓜群之中。可食用的植物散布於玫瑰叢裡，但它們全是原生品種，其中有一種香氣濃厚、母親稱之為「探戈」的玫瑰是香水的原料，盛開的花瓣中央呈深橘色、邊緣則是粉紅色，彷彿洛杉磯在日落時分的天空顏色——這是我母親的最愛。這些玫瑰花似乎永無止盡地盛開，從暮春一路綻放到初秋，瑪蒂娜會摘下它們插在瓶瓶罐罐裡，擺放在屋內各個角落，並時常打開窗戶，讓流通的空氣將它們的芬芳吹散到房裡，感覺吹拂凡斯的微風聞起來全是玫瑰的香氣。

　　母親曾在著作中描述瑪蒂娜如何透過對食物的用心與擇善固執的烹飪方式，改變了她的味蕾（或許還有職業生涯）。母親與瑪蒂娜的相遇，很可能是帕尼絲之家成立的起點——在六○年代晚期，柏克萊沒有人像她那樣做菜。瑪蒂娜一向能創造出與自己拿手的南法料理相搭的新口味。那些料理做法非常簡單，卻又充

滿創意，例如加了碎龍蒿的完美綜合生菜沙拉、用葡萄柚果皮煨煮的兔肉，還有內餡是佛手柑蜜餞、外皮用蕎麥粉做成的檸檬塔。

　　十五歲的那年夏天，我與最要好的朋友剛展開一段歐洲的長途旅行。頭兩天在倫敦過夜，但抵達凡斯時，我們依然時差嚴重、精神紊亂。我們才剛到一樓臥房卸下行李，花園就傳來瑪蒂娜的呼喚聲，她手裡捧著缺了一角的搪瓷濾盆，要我們幫忙挑揀剩下的香菜。夏天到了這個時候，植物已過盛開期：一小叢細長的傘狀花科綠莖，變成了細小、新鮮且氣味格外刺鼻的種籽。我們挑了所有的香菜，包含每一小片葉子與每一顆閃閃發亮的翠綠色珠子。我永遠忘不了瑪蒂娜用那些剩餘的香菜所做出的料理，一方面是因為菜餚的滋味讓人感覺似乎有別於她過往的風格，而且當然也不同於一般的法式料理，另一方面是因為她幾乎是憑空變出了這道菜：煮熟的蝴蝶麵拌入鮮奶油、用奶油炒軟的洋蔥、一小塊帕馬森起司刨絲、香菜折疊後切碎、鹽巴與胡椒粉，最後表面撒滿酥脆的麵包屑。這其實就是一道簡單的奶油烤菜義大利麵，但跟其他義大利麵截然不同；香菜為整道料理增添了嶄新的香氣，那層次分明的滋味讓人一邊吃、一邊想起了家一般的熟悉感，感覺食物又更美味了。

綠香菜籽義大利麵

　　雖然我確定那天晚上瑪蒂娜為我們煮的**奶油烤菜義大利麵**做法不算複雜，但我一直都沒能滿意地重現這道菜——不要懷疑，我試過了。不知為何，白醬、起司與融化的洋蔥之間，少了某種新鮮的綠香菜氣味。我向瑪蒂娜求助，但她完全不記得做法了——說來奇妙，某些味道讓一些人念念不忘，在一些人的心中卻絲毫沒留下印象。話說回來，瑪蒂

娜擅長的美味料理不勝枚舉，所以我不意外這道菜並未成為她常做的佳餚。畢竟，要找到綠香菜籽其實滿難的。這需要有農夫放任一部分的香菜開花結籽，而等待大自然走完漫長的循環，會花上好一段時間。儘管如此，如今在加州的農夫市集，它們越來越常出現，而如果你看到有農夫販賣成堆的香菜，不妨問問他們是否能考慮讓一部分的香菜進入下一個生長階段。然而，最好的辦法是──如果你家院子有一塊菜田──自己種香菜，記得，栽種的量須比採收的量多一倍，好讓一半的作物可以繼續開花結籽。小片的白色花朵跟種籽一樣可以入菜，應大量用於裝飾湯品、沙拉或這道義大利麵──我做的這個版本源自於瑪蒂娜，但概念是仿照經典的羅馬料理**黑胡椒起司義大利麵**（義大利文作 cacio e pepe）。這與瑪蒂娜的做法**截然**不同，但本質上是類似的。我曾使用蝴蝶麵做這道菜以向原作致敬，但那口感清爽又奶味濃郁的醬汁，不管配直麵或吸管麵（bucatini）都好吃。

　　開始料理之前，先花幾分鐘準備食材。首先是麵包屑，它們不是這道菜的必要材料，但可以增添衝擊性的香味與酥脆的口感，讓人想起瑪蒂娜做的奶油烤菜表皮。烤箱預熱至約攝氏一百八十度。削掉鄉村風麵包略微走味的外層（譬如老麵發酵的麵包），然後麵包切丁。接著搗碎成更小的不規則狀，約零點六公分大。

　　磨碎的蒜頭拌入橄欖油（一杯麵包屑約需一大匙），淋在麵包丁上，加一大撮鹽，充分翻攪均勻。放到淺邊烤盤，送入烤箱烤至焦黃，每數分鐘攪拌一次。

　　想做這道義大利麵，你得先從傘狀的香菜莖裡挑出青綠色種籽，集滿約兩大匙的量，花朵置於一旁備用。取一研磨缽，加入一大撮鹽巴與一、兩把大致切碎的香菜葉，搗磨數分鐘。香菜葉會分解，但種籽有太多纖維，難以搗成糊狀。繼續搗至香菜成細碎狀（比較幼嫩的種籽會更

容易磨成粉）。滾水加鹽，倒入三杯蝴蝶麵。煮麵的同時，將搗碎的香菜倒入大碗裡，加入略少於一杯的帕馬森起司、一茶匙黑胡椒粒、兩大匙奶油與兩大匙橄欖油。從鍋裡夾出麵條之前，先舀出約半杯的麵湯。將麵條夾到濾盆裡靜置片刻，在調味料碗裡加入剛舀出的麵湯的一半。快速攪拌以讓奶油與起司融化，使醬料產生乳化作用。倒入麵條後攪拌均勻。綠香菜籽醬料應該要有點稀；如果沒有，再加一點麵湯拌勻。將麵條分成四盤。試一下味道，酌量再加一點起司、帕瑪森起司或綿羊乳酪。最後撒上蒜味麵包屑與香菜的白色花瓣。

蕎麥「檸檬塔」

　　我與母親最近一次拜訪瑪蒂娜與克勞德家時（在他們賣掉房子之前），瑪蒂娜在晚餐後端出了一個檸檬塔。我記得那與一般的檸檬塔有點不同。首先，麵粉用的是蕎麥粉，因此塔皮的味道更有層次。塔的形狀有點不尋常，彷彿烘烤時沒有捏整麵糰讓它貼到鍋邊。那實在令我印象深刻：一個橢圓形的塔，邊緣還皺巴巴的。它的不完美不僅在當下賞心悅目，事後也讓人記憶猶新。這也似乎體現了一種待客之道：不需要端出一堆擺盤厲害的菜餚刻意讓客人留下深刻印象；充滿手作感的料理反而要特別得多。當然，還有油潤卻又不甜膩的檸檬餡（瑪蒂娜偏好鹹味勝過甜味）。我敢說她在餡料裡加了一點新鮮佛手柑的汁液與果皮──那充滿了植物的芳香。不用說，下面列出的做法經過徹底改編，但我有試著模仿瑪蒂娜做的蕎麥塔皮，餡料也是相當經典的檸檬醬（不過少了佛手柑，因為這種水果特別難找）。

　　檸檬塔的麵糰是我根據帕尼絲之家的水果塔使用的法式甜塔皮（páte sucrée）食譜即興發揮的。雖然這不像瑪蒂娜做的檸檬塔那樣具

有鄉村風味，但我希望能讓那些沒有數十年餐廚經驗的一般人也能輕鬆駕馭。首先在碗裡倒入八大匙（一條）室溫的無鹽奶油，加入四分之一杯砂糖，攪拌直到變成淡黃色。加入一大撮鹽、一顆蛋黃與四分之一茶匙的香草精，充分拌勻。拿另一個碗，混合四分之三杯又兩大匙的中筋麵粉及六大匙蕎麥粉。（如果你對自己的烘焙技巧有信心，可將蕎麥粉的分量增加至半杯，並使用四分之三杯中筋麵粉即可。如此揉出來的麵糰比較容易碎，但如果你揉麵糰的經驗豐富，可以試試。）將麵粉倒入奶油，用木匙攪拌直到麵粉完全融入奶糊。將麵糰揉成球狀，用保鮮膜包起來，壓成圓盤。冷藏一小時或冰到觸感結實為止。

　　至於檸檬餡，拿兩顆檸檬果皮刨絲裝入碗中。碗的上方放置濾網，兩顆檸檬擠汁，磨碎或榨出果肉（汁液約需四分之一杯）。取一個小型的厚底深鍋，打兩顆全蛋與三顆蛋黃拌勻後倒入，加入五大匙糖與一撮鹽巴。倒入兩大匙牛奶，取六大匙冷藏奶油切丁後丟入鍋內。以中小火加熱，持續攪拌直到奶油融化與檸檬餡料變得像英式蛋奶醬（crème anglaise）那樣濃稠。輕輕攪動以將餡糊倒入碗裡。蓋上烘焙紙，放入冰箱冷藏備用──可提前幾天做好餡料。

　　擀麵糰之前，準備兩張十四吋的烘焙紙。其中一張撒點麵粉，放上圓盤狀的麵糰後，也撒上一些麵粉。如果麵糰從冰箱取出後摸起來還是很硬，就靜置十五分鐘讓它軟化。將另一張烘焙紙蓋在麵糰上，繼續揉捏成直徑約十二吋的圓形，可撒點麵粉以防沾黏。麵糰連同烘焙紙移至烤盤，冷藏十分鐘。

　　取出後拿掉上面的烘焙紙，將麵糰倒翻移至九吋大的塔皮烤盤。如果你怕不穩，可拿掉底部的烘焙紙（冷藏後應可輕易去除），用雙手迅速將麵糰移到烤盤上。捏整麵糰、使其貼合烤盤邊緣，剝掉任何多餘的部分。塔皮因為含有蕎麥所以比較容易碎裂，如有出現破洞，從其他部

分拿一點來填補。塔皮看起來有點殘破也沒關係，之後填入檸檬餡就看不到了。烘烤之前，塔皮放入冰箱冷藏十分鐘。

烤箱預熱至約攝氏一百八十度，放入塔皮烤十五分鐘（麵糰如有任何碎塊也可擀成小餅乾一起烤）。取出塔皮放涼，然後填入冷藏後的檸檬餡，再以一百九十度烤十五至二十分鐘，或烤到餡料熟透。（如果此時塔皮看起來快燒焦，可撕一長條鋁箔紙蓋在上面繼續烤）。烤好之後，切成一小塊單吃，或佐上微糖的發泡鮮奶油一起享用。

由於瑪蒂娜與克勞德的住處離尼斯很近，因此每當我們住在附近或回到加州時，都會想做尼斯沙拉（salade niçoise）這道菜，回味他們兩人相處的時光及南法夏季的乾熱。這是法式經典料理的「解構」版，我們家最喜歡吃這道豐盛的沙拉當午餐。裡頭什麼蔬菜都有，但依然保有傳統（味道搭的話，我吃任何東西都會配上萵苣，不管這樣是否違反了法式料理的精神）。

解構版尼斯沙拉

沙拉的美味取決於油醋，而尼斯沙拉比其他沙拉更需要氣味強烈、帶有蒜味的調味料，才能與各種食材的口感與滋味相抗衡。這裡提到的蔬菜大多是傳統食材，除了萵苣以外，但你可以隨興發揮，只要把握好重點：煮過的蔬菜加上魚肉或雞蛋（或兩者都加），再配上依季節與喜好調製的濃厚草本醬汁。

製作油醋，首先取研磨缽放入三瓣蒜頭與一大撮鹽巴搗成泥。（蒜頭的份量視喜好與季節而定。冬天的大蒜往往較為辛辣，因此兩瓣就夠

了，而春夏的大蒜味道比較清新，就我而言量多吃起來很美味。）兩杯巴西里葉切絲或切碎後加入研磨缽中，再加一撮鹽巴，搗至葉片變成青綠色漿汁。加入一大匙第戎芥茉（Dijon mustard）、四茶匙白酒醋與半杯橄欖油，攪拌均勻後試一下味道。嘗起來的鹹味、酸味與蒜味最好比你心目中晚宴點心的味道再重一些──沙拉的食材很容易吸收味道並中和任何搶戲的辛辣味。

　　一開始先用瓦斯爐或中溫炭火將一整顆紅椒烤熟（也可以放進烤箱烘烤），持續翻轉直到紅椒外皮焦化、裡面完全熟軟為止。將煮好的紅

椒放在小碗裡加蓋燜一下，這樣會比較容易去皮。

　　在此同時，拿兩大把小顆馬鈴薯放入鹽水裡煮至軟化。在另一個鍋子，將適量的四季豆或扁豆放入鹽水煮至熟透。取幾顆小番茄切片，或幾大顆原生番茄對切或切成四等份，視大小而定。拿兩棵鮮脆的萵苣（如小寶石生菜或羅馬生菜）洗淨並瀝乾。

　　至於食材中的四顆雞蛋，先準備一鍋水煮沸，之後轉小火，用漏勺一次放入一顆雞蛋。煮八分鐘。煮好後取出雞蛋放到冰水裡冷卻。

　　沙拉的各個食材都處理完成後，雞蛋剝殼切對半。取一個優質鮪魚罐頭（橄欖油醃漬為佳），分成幾份大塊又易入口的量；與切半的雞蛋一起擺盤。

　　紅椒去皮去籽，切薄片。將紅椒、馬鈴薯、四季豆、番茄、萵苣與約半杯的整顆尼斯橄欖放到一個寬口淺碗（這道沙拉我喜歡用淺碗裝，這樣可以凸顯賞心悅目的食材。）

　　在油醋裡擠入半顆檸檬汁並加點鹽巴，輕輕拌勻。快速攪動油醋醬直到乳化，先淋上一半的量，拌一拌讓葉菜均勻沾裹醬汁，嘗一下味道，不夠的話再加點鹽、胡椒或油醋。調好味後，將鮪魚塊與雞蛋擺在最上層。幫雞蛋撒一點海鹽，鮪魚淋些油醋。若想讓沙拉多一點色彩與辣味，可在雞蛋上撒點馬拉什紅椒粉。如果油醋還有剩，可留到明天做沙拉。如果賓客人數多，雞蛋、鮪魚或其他蔬菜的量可多抓一些。

17
庇里牛斯山

　　雖然我們的家族旅遊通常會去法國南部與邦多周圍遊客如織的葡萄園與海灘，但有一次旅行，我的父母──還有其他一些家人──將自己的命運交給了帕尼絲之家的廚師尚─皮耶・穆勒與他的妻子丹妮絲（Denise）。他們打算帶一群人走訪庇里牛斯山（Pyrenees）附近各家烹飪食材生產商（從葡萄酒、鵝肝到起司）。我們從波爾多（Bordeaux）開始，丹妮絲的家族在那兒擁有一座占地廣大的葡萄園與酒廠。大部分的行程我只記得一些片段，但其中一個小插曲特別令人難忘，因為那瀰漫了焦慮不安的氣氛。參觀鵝肝的生產過程時，大家圍成一圈看一個女人強迫餵食一隻鵝。整個過程中，那隻鵝努力從主人夾緊的雙膝中掙脫的模樣，讓人感到不捨又噁心，但我們能做的──只要不是發動一場意料之外的反虐待動物示威──就只有眼睜睜看著飼料源源不絕地從一個小粗麻袋裡灌進餵食用的金屬漏斗。那隻鵝展開翅膀無力地表示抗議，露出了藏在底下的灰棕色羽毛，最後在體力不

支的屈服下又收合翅膀。懷抱著一個年輕人對某件事看來像是暴力而非滋養的疑惑，在某一刻我轉頭問母親這一切是否「沒問題」。當時我十二歲，脆弱而敏感，而且極度需要家長給予信心。母親不支持鵝肝生產所需的軟性虐待（這個食材從未出現在帕尼絲之家的菜單上），但為了安撫我的焦慮，她故作輕快地回道，「鵝很喜歡這樣！那些可口的飼料牠們愛吃多少就吃多少，你看，牠們有主人溫柔地幫忙按摩脖子，感覺一定像在天堂一樣。」我其實不相信母親說的話，但也沒有立場反駁──我就這樣靜靜看完。

這段旅程最令我印象深刻──程度遠遠大於創傷──的是，健行到山區跟一群綿羊睡在一起。在說下去之前，我得先聲明一個眾所周知的事實，那就是我的母親不愛露營。她從不覺得到戶

外窩在小小一個尼龍睡袋、把自己裹在合成的絕緣材質裡、躺在凹凸不平的地面上過夜，有什麼好玩的。事實上，我甚至覺得她討厭露營。然而，我倒認為如果她出生在一個不同的露營年代，應該會對這項活動比較感興趣——譬如英國統治印度時期，人們在溫暖無蟲的草地上搭建住所，以絲綢般柔軟的植絨為床，欣賞滿天星辰……當然，還有吃著美味的咖哩、麵包、優格醬與醃黃瓜。

我們健行數小時到了深山，沿途有我從未見過的翠綠青草、滿山野花，那些色彩斑斕的土地看起來就像有人大把大把刷上了油漆似的。山頂依然覆著一層白雪。最後，我們抵達一座小木屋，我記得屋主名叫安德烈（André），他是丹尼絲與尚—皮耶帶大家拜訪的牧羊人與酪農。我很少遇到如此符合原型的人。他可能是四十五歲，也可能是六十五歲，那氣色紅潤、久經風霜的外表讓人猜不透實際年齡。他頭上戴了一頂像是貝雷帽的東西，身穿手工粗織的羊毛衣與縫了好幾塊補丁的長褲，褲管塞進長靴。在我印象中，他還抽著煙斗（當然現實並非如此）。

大家各自到小屋周圍紮營。我跟尚—皮耶與丹尼絲的兩個女兒艾爾莎和莫德一組，開始搭帳篷的煩瑣過程。小時候我很少露營，因此想到要搭帳篷就很興奮。我父母的帳篷就在旁邊。一轉眼就到了黃昏，群山披上了一層暮色，安德烈吹哨叫牧羊犬上工——尖透嘹亮的哨聲響徹山間。那幾隻牧羊犬聽到哨聲便閃電般地衝進遠處的山坡，盡忠職守地找到迷途羔羊，驅促身體像白綿

雪球的羊隻回家，使牠們排成一列，遠看彷彿在山邊流動的一束羊毛。安德烈每隔一段時間就吹哨敦促狗兒專注執行任務，每當有羊隻脫隊就衝上前咬牠的腳跟，不斷在隊伍兩側來回以確保羊群乖乖前進。等所有羊隻都回到穀倉，我們便圍在安德烈旁邊看他幫一隻又一隻的母羊擠奶。小孩們輪流上前體驗。我記得輪到自己的時候，我上前到母羊沉甸甸的軀體底下，忍受著腹部散發的強烈氣味摸找乳房，牠的身體比我想像中還要溫暖與躁動。安德烈握著我的手移到正確的位置，溫柔而有力地往下拉。熱騰騰的羊奶一道一道地射進水桶。

所有羊隻都擠完奶後，我們幫安德烈一起將裝在大鐵罐裡的羊奶扛到山裡一處融雪流下的小溪。羊奶會放在那裡冷卻直到隔天早上，到了那時安德烈才會開始製作乳酪。那天晚上，尚一皮耶生營火為大家煮晚餐。我們在星空下就地架起餐桌，從當時所在的海拔仰望，感覺星星閃爍得比其他任何角度都還要明亮。更貼切地說，銀河顯得純白無瑕，猶如有人潑灑了一道星辰，橫跨整片天空。所有孩子躺在潮濕的草地上，像在看電視一樣地仰望星空。每一座帳篷在吊燈的照耀下透著溫暖光芒，就像一群體型巨大的螢火蟲懸浮在漆黑夜色中。

到了早上，隨著綿羊紛紛往山腰移動、尋覓鮮嫩的青草，大家在鈴鐺與咩叫聲此起彼落的合音中醒了過來。那時天還未亮，氣溫寒冷；帳篷浸滿了露水。山邊才正要開始透出晨光。我們在陰冷深藍的黑暗中待了一會兒，才扛著有如涉水過河後的披巾與

襪子般濕透了的睡袋，睡眼惺忪地往牧羊人的木屋走去。不出所料，大家赫然發現我的母親睡在那裡……跟牧羊人一起！她一爬進睡袋裡躺上那薄薄一層「床墊」，發現搭在山腰上的帳篷隨時有可能滾下山，就打消了露營的念頭。安德烈看這個都市人可憐，在木屋裡空出一個位置收容她。當然，她的膽小行徑所招致的懲罰，就是在接下來的幾天不斷受大家無情嘲弄她與一位酪農的風流韻事。

　　這時，安德烈早已從溪邊扛回羊奶罐，將其中一批倒進銅鍋放上瓦斯爐加熱。羊奶煮沸後，他調成小火，拿湯勺攪拌，只見鍋中的羊奶變成我從未見過的純潔乳白色。我對那奇特的不和諧記憶猶新：如此純淨的液體，竟然是出自滿身泥濘、毛髮纏結成塊且濃烈的羶腥味薰得整間屋子都是的牲畜。大家看著凝乳分離出乳清，嘖嘖稱奇。安德烈不時用巨大的雙手攪動羊奶（泛紅的手指在多年操勞下長繭腫脹），以加速乳水分離，使乳脂慢慢凝結成軟綿綿的乳酪塊。他將乳酪塊移到一片乾淨的棉布上，包起來大致捏成球狀，底下放一個金屬濾盆，用力按壓瀝出水分。他倒了幾杯溫熱的乳清分給大家喝。那味道鹹而帶有草味，就像空氣潮濕且充滿泥土味的那種氣味。雖然大部分的凝乳要存放數月才能變成乾硬的乳酪塊，但安德烈割愛用了其中新鮮的一批，當作大家那天的早餐。他依照祖母的食譜為我們煮了一鍋玫瑰果果醬，食材用的是山裡的野玫瑰。趁熱挖一口乳清起司般的草味乳酪配著玫瑰果凍一塊吃……滋味絕佳，就連前一晚沒睡好的母

親也讚不絕口。我記得她說，那是她有生以來吃過最美味的早餐，在場的大家都有同感。

玫瑰果果凍

　　玫瑰果果凍這種東西，去雜貨店不一定買得到。玫瑰果很難種，而這種果凍本身雖然好吃，但味道是要嘗過幾次才會愛上的那種。事實上，玫瑰一詞會讓人誤解。這個果凍吃起來不太有花香味，倒是土味與酸味很明顯，有點像乾燥木槿花泡成的花茶。這有部分是因為玫瑰果的維生素C含量極高（大約是柳橙的二十倍），也因此這種果凍雖然甜口，但並非對健康全無益處。如果有用剩的玫瑰果，我喜歡拿它們來泡簡單的藥草茶：種籽莢削薄片，以沸水沖泡，喝起來味道有淡淡的酸味，有滋補之效。

　　要做玫瑰果果凍，需要準備大量玫瑰果，它們雖然不容易買到，但也不像你想得那樣稀有。有數個品種的庭園玫瑰的果實都可用來做這道甜品，在沙丘邊緣、山麓丘陵地或森林及公園等處的野生灌木叢也可找到這種果實。當然，在柏克萊這樣的小鎮（倫敦等大城市亦然），一些綠地也能輕易發現它們的蹤跡。換句話說，假使你在對的季節與對的時間在灌木叢中發現滿滿的玫瑰果，當天就可以拿它們做果凍了。

　　所有的玫瑰都會結果，而且它們都可食用，但有特定幾個品種的果實風味最棒。玫瑰唯有等到褪色枯萎，才可採摘果實。我偏好的一個品種是玫瑰（Rosa rugosa），這種鮮紅色的玫瑰可野生也可人工栽培。只要你看到一大片光禿禿的灌木叢長滿了橘色的小種籽莢，採就對了，雖然它們在冬季第一次霜凍之後會甜一些。

　　以五到六罐約兩百三十克的果凍來算，需要準備大約八杯分量的玫瑰果。（每次做罐頭時，我都盡量不要只做一小批果凍。考慮到我很少會想要消毒罐子來做果凍，勤勞點稍微多做一些是值得的。）首先將玫瑰果洗淨並徹底修剪一遍，務必去掉凹凸不平的頭部與底部。將果實放到大的不銹鋼鍋（或其他非活性金屬製成的鍋子），倒入六杯水與一顆檸檬削下的果皮。煮滾後轉小火，加蓋燉至少一小時，讓玫瑰果軟到輕輕一壓就碎。

　　用馬鈴薯攪碎器或叉子將玫瑰果搗成糊狀。準備一個做果凍用的濾袋（或拿一片大的細濾網並鋪幾層粗棉布），底下放一個碗或大鍋。將果糊倒進濾袋或鋪有粗棉布的細濾網，靜置至少一小時讓水分瀝乾。捏一捏濾袋或粗棉布，盡可能擠出多餘水分。瀝乾果糊的同時，來準備裝果凍的罐子。你需要清潔消毒六個容量約三百毫升的玻璃罐及蓋子，可以放到洗碗機裡洗淨烘乾，也可底下墊一個架子放到大鍋裡加水煮滾十分鐘。

　　這道食譜需要三杯玫瑰果，如果你手邊有的量比這要少，果糊裡就多加點水。將濾乾後的果糊倒入一個大型寬鍋，加入半顆檸檬汁與一小包果膠粉。開火煮滾，讓粉末全都融化。加入三杯糖，攪拌到糖粉都溶解後，加入四分之一茶匙的奶油。試一下甜味，如果需要加糖，一次倒一點點，嘗過確定不夠甜再繼續加。煮到滾沸，讓果糊持續冒泡一分鐘。之後立刻離火，將滾燙的果糊倒入事先備妥的玻璃罐，距離杯緣須留一點空間。放上蓋子與金屬環，鎖緊後再進行真空處理。玻璃罐下方墊一個架子放到一個大的深湯鍋裡，加水淹過罐子，大火煮沸十分鐘，過程中水位都必須高於罐子。關火並取出玻璃罐放涼。

　　這道果凍非常適合當早餐或簡易甜點，加一匙奶味鮮濃的乳清起司即可享用。

18
龍蝦沙拉

　　那是一九九三年阿爾薩斯（Alsace）的夏天。我父母決定在那天展開法國各家頂級餐廳與酒廠的「研究之旅」，並帶我同行——可能是因為他們終於相信當時九歲的我可以乖乖坐在餐桌前吃完一頓飯。此外，有賴他們堅持的美法雙語教育，我擔任起大人們之間不可或缺的對話者。

　　這天，我們開車從阿爾薩斯到蘭斯（Reims），父親安排好中午要到克魯格（Krug）香檳酒窖參加特約導覽與品酒會。嚮導不是別人，正是酒莊的繼承人雷米・克魯格（Rémi Krug）。父親身為始終如一的品酒專家與專業酒商，自然**十分**期待這次的行程。過去幾個星期他不時提到這件事，興奮之情溢於言表。

　　由於我的母親不相信有人**不會餓**，因此她對那天早上出發前我嚷著不想吃飯的抱怨充耳不聞。我被逼著吃了一大盤炒蛋與柳橙汁，應該還有吐司配奶油（那時我以為歐洲才有奶油這種奢侈品）。記憶中，從利克維（Riquewihr）開到蘭斯就像經過了四十

五個小時那麼久，而沿途的道路感覺比威斯康辛州（Wisconsin）
蜿蜒出了名的佩卡托尼卡河（Pecatonica River）還要迂迴曲折。
實際上，我想這段車程應該不到四小時，一路上也大多是直的。

　　我們向朋友約翰‧梅斯（John Meis）與雅克‧菲格
（Jacques Feger）道別〔他們精雕細琢的蔬菜靜物油畫讓人想起
荷蘭大師（Dutch Masters）——母親就在廚房擺了兩幅〕，整裝
出發。鮑伯當然也在車上，還不時哼著自己編的流行曲調，歌名
是〈來自利克維的雅克〉（Jacques from Riquewihr）。對我而言，
那段路途實際上是否筆直根本不重要：頭幾公里的路程感覺像是
專業滑雪運動員在覆滿新雪的地面上留下的髮夾彎軌跡。車子在
林木茂密、但地勢越來越險惡的國家公園 （Ballons des Vosges）
裡蜿蜒穿梭不到幾分鐘，我就有反胃的感覺。過了一會兒，我開
始在後座呻吟，就像一隻在山林裡誤入陷阱而受傷的哺乳類動
物。

　　雖然我們預留了足夠的時間，但要是途中餓得頭暈想停下來
吃個三明治（當時我都餓得口齒不清了），就必須迅速解決，否
則就會趕不上導覽行程。換句話說，讓餓得發昏的小孩飽餐一頓
並不在計畫內。我的父母不是那種會在外出前準備一個多功能包
並裝進嘔吐袋、濕紙巾或抗菌液等緊急用品的人，無法在大家顯
然即將重溫我早餐吃了什麼的千鈞一刻拿出來應急。噁心感越來
越強烈。即使鮑伯整個人緊緊貼在車門邊，深怕我在那麼一丁點
大的後座嘔吐射出的彈道軌跡波及到他，還有母親看著我同情地

皺起眉頭，但車上沒有一個大人願意靠邊停，畢竟，香檳喝到飽的承諾，可是不容放棄的重大獎賞啊！「爸爸～～～」，我氣若游絲地說。他焦躁不安地回我：「芬，我們就快上高速公路了！那裡一路都是直的！到時你就沒事了！」「媽～～～媽～～～，」我哀求說，「靠邊停，我要吐了！真的要吐了！要吐出來了！」

　　事後回想這段過程，我最記得的是當下不舒服的感覺，雖然已經是很久以前的事了，但現在想起仍記憶猶新，當時印象最深刻的是（就像高潮迭起的戲劇演到一半插播廣告），母親將**地圖**捲成一個**甜筒**遞給我當嘔吐袋。雖然我很肯定事實並非如此，但我記得車上的每個人都暫時壓抑焦慮的情緒，歇斯底里地嘲笑她還真的像馬蓋先（MacGyver）一樣急中生智，**用法國地圖**做了個嘔吐袋。我沒有吐在地圖捲成的甜筒裡，但這時父親已經受不了我的鬼吼鬼叫，終於願意靠路邊停。在通往針葉林的斜坡，我站在布滿褐松針的山徑上，在森林震耳欲聾的寂靜下不斷乾嘔。我感覺到父親在背後沮喪地瞪著我，一旁的母親憂心忡忡，鮑伯則是因為**車內**沒有發生慘劇而鬆了一口氣。不管在象徵意義或實際上，大家都沒有離開森林。

　　在接下來的兩個小時，車子好幾次在我想吐的時候就停靠路邊，嚇得大家冒出一身冷汗，但我沒有一次真的吐出來。直到我們確定趕不上香檳品酒會，我才終於把胃裡消化得差不多的食物全吐出來（開到加油站後，父親打了好幾通公用電話向雷米道

歉）。幸好，事發地點是在廁所，因為車子開上高速公路後，證明了筆直道路完全無助於緩解我的噁心感。清空了不斷在胃裡與嘴巴翻攪的炒蛋與吐司後，我恢復了乖巧溫順的模樣。相較之下，大人們一片死寂。父親有好幾個鐘頭都不願意正眼看我。

雖然我們沒能參加品酒會，仍準時趕上了午餐。雷米邀請大家到當時獲米其林三星評價的雷克萊耶爾（Les Crayères）餐廳吃飯，我們雖然跟他約好直接在那兒會合，但還是預訂了一點三十分的位置。我們汗流浹背地來到一座門面氣派、富麗堂皇的古堡。接待員引領我們入內，那是我見過數一數二奢華的室內空間：在宛如凡爾賽宮的用餐區裡，四面都是象牙白與金黃色的掛毯，桌巾摺得乾淨俐落，厚重的緹花拉簾綴滿大片落地窗，牆上掛著安格爾*（Ingres）風格，畫框還鍍了金的貴族肖像畫，**到處**都是金碧輝煌的裝飾品。雷米起身笑容滿面地迎接我們，他整個人容光煥發、充滿魅力，絲毫不介意我們姍姍來遲。那時他應該有五十歲了，但我一眼就愛上他，認為他就是這座城堡的王子。

過了幾分鐘，主廚傑拉德·波伊爾（Gérard Boyer），那一身潔白無瑕的廚師服似乎只在法國境內看得到，略長的灰褐色頭髮整齊地塞在耳後。他先跟我打招呼，彷彿我是餐桌上最重要的人，而我用流利的法語回應了他熱情的關注：「先生，很高

---

* 尚·奧古斯特·多明尼克·安格爾（Jean Auguste Dominique Ingres, 1780-1867），法國新古典主義派畫家。

興見到您。謝謝您邀請我們來到這間精緻典雅的餐廳。」一聽到我說法語，他開心地驚呼，「她法文說得很好啊！怎麼會這樣？！」母親還來不及解釋我學法文的經過，或透露我剛才暈車吐過之後應該餓了，他就牽著我到廚房參觀了。他對著二十幾名同樣身穿白袍的廚師們宣布，我想吃什麼特別的客製化料理都可以。原來，他有一個女兒跟我同年，而一個美國來的小孩法語說得如此流利（可惜現在不是了），更是讓他喜出望外、大為感動。他一帶我回到桌前便問，「那麼小姐，你想點什麼菜？最想吃什麼料理？」我不假思索地用法語回答，「請來一份小的龍蝦沙拉，就像帕尼絲之家做的那樣。」雖然波伊爾主廚對我這個大膽的要求感到有點困惑，仍笑臉滿面，但此話一出，我母親尷尬得滿臉通紅。他笑著問她，「那是什麼？」母親微微低頭，支支吾吾地說：「嗯……就是……一些沙拉葉……還有……一些綜合生菜，當然了，還有一點龍蝦肉，可能再加一些小番茄……嗯……也許再淋一點簡單的檸檬青蔥油醋。」

　　過了一會兒，雷米幽默又不失禮貌地問候完每個人之後，服務生開始上菜。大家的面前都放著一盤非常柏拉圖式的龍蝦沙拉。完好無缺的龍蝦肉與多種新鮮葉菜混在一起，看起來一點也不像剛脫了殼的樣子。毫髮無傷的食用花瓣散落盤裡，還有輕薄如羽毛的山蘿蔔、細小的羅勒花、去皮的櫻桃番茄，全都和上調味清新、充滿柑橘與青蔥味的醬汁。那是我吃過最美味的一道菜，在入口的那一刻，它超越了我之前吃過的所有沙拉、龍蝦及

食物。我就這樣掃了好幾盤，父親與母親一口都沒吃到。年紀還小的我在經歷了人生中最悲慘的暈車意外之一後，吃得不亦樂乎。雷米則是驚嘆地看著眼前這位聽說差點死在半路上的小女孩，狼吞虎嚥地吃完一堆龍蝦肉。

在離開餐廳要去重新安排的克魯格酒窖參觀行程的途中，我對母親說，「波伊爾餐廳」（我才待沒多久就幫那家餐廳取了綽號）是我心目中第一名的餐廳，並遺憾地宣布帕尼絲之家退居第二。我會私下幫餐廳打分數排出最好吃的「前十名」，而多虧了那道龍蝦沙拉，波伊爾在那之後占據榜首至少有五年的時間。那天唯一比吃到龍蝦沙拉還令我開心的一件事是，看到那些大人香檳一杯接一杯喝個不停——那種液體似乎能讓糟透的心情煙消雲散。就這樣到了下午四點，父親醉得像天使一樣溫良無害，鮑伯滑稽搞笑，母親則不知神遊到哪裡去。雷米得知我下個月就滿十歲，送給我一瓶出生年份的香檳慶祝我生日：那是克魯格酒莊其中一小片圍牆高築的葡萄園克勞度曼尼爾（Clos du Mesnil）所生產、珍貴少見的白中白（Blanc de Blancs）*。這時，一些大人可能已經在想這瓶香檳放得「太久」了，或至少這是他們說服我立刻開來喝的藉口：「芬，你知道的，如果這瓶香檳再放久一點，可能就變質了，要是那樣就會釀成悲劇了。或許我們應該現在就開來喝，你不覺得嗎？」不知怎地，我成功擊退了那些覬覦這個

---

*　完全由白葡萄釀成、顏色清淺的香檳。

紀念品的禿鷹，而且不只接下來的兩個星期，往後的十一年都是如此。二十一歲生日時，我與父親和母親在帕尼絲之家終於開了這瓶香檳（就我們三人享用），而我們一致同意，這些年的存放成就了它完美的芳醇口感。

龍蝦萵苣沙拉

　　如同市面上極大多數的蟹肉沙拉，龍蝦沙拉通常會加大量美乃滋。我跟任何人一樣喜歡蛋黃醬（程度可能還更超越他們），甚至不排斥超市賣的各種品牌，但因為龍蝦肉非常甜嫩多汁，要是把這種上等海鮮配上大量的罐裝醬料一起吃，怎麼想都覺得浪費。我最愛的吃法是，簡單煮熟後配上新鮮脆口的葉菜，再淋一點清淡的醬汁。也可加入其他蔬菜，像是切片的原生種番茄切片、去皮的櫻桃番茄（只要滾水燙個一分鐘即可輕鬆剝皮）、汆燙過的四季豆或酪梨等──雖然我一向認為少即是多。

　　龍蝦整隻放到水裡煮熟。根據經驗，大約每六百八十克到九百克重，就要加三點公升的水量，而四百五十克重的龍蝦要煮八分鐘才會熟透（每多兩百二十五克就再加兩分鐘，如果龍蝦超過一千三百六十克，每多兩百二十五克要再加兩分半鐘）。更多關於烹煮龍蝦的詳細說明，可見第220頁。煮熟之後，裝一鍋冷水冰鎮，待完全冷卻後再使用剝殼鉗子取出蝦肉，盡可能保持肉塊的完整。我喜歡葉菜的分量比肉多（這麼一來，龍蝦會顯得像是盤中的驚喜），所以一隻正常體型的龍蝦可做四人份。也因為如此，雖然龍蝦沙拉聽起來成本很高，但其實是一道用來招待賓客相當經濟實惠的「高級」料理。

選用的生菜口感必須夠清脆：小寶石萵苣、菊苣和苦苣比較適合搭配龍蝦肉與其他食材，但優質的奶油或橡樹葉生菜也是不錯的選擇。我喜歡將青蔥切細丁後，用香檳醋、檸檬汁與海鹽浸泡一段時間，然後拌入橄欖油，做成沙拉醬，但你也可以加點剁碎的羅勒或搗碎的龍蒿或巴西里作為點綴。

19
龍蝦肉派

過度敏感的嗅覺不只常害我吃盡苦頭，也讓我的父母痛苦不已——父親曾毫不留情地說我就像在機場偵查毒品或武器的德國牧羊犬。然而有一次，這種天賦讓他們抓狂到想殺人（或至少一開始是如此）。事情發生在我們展開「法國著名餐廳巡禮」的期間，也就是在法國鄉村遊玩時，只去最高級、最出名的餐館吃飯。我想母親之所以這麼做，與其說是為了尋求樂趣，不如說是出於一種職業上的責任感（以及研究目的），因為這從來都不是她最愛的飲食方式，但無論如何，這趟旅程令人印象深刻，我們當然品嘗了許多美味得不可思議的食物，也遇到許多熱情的店家。

那是在我們展開這段史詩般美食之旅的前夕，我才開始要暖身，準備在點餐時露一手。基本上，只要我向父母保證吃得完，就可以點任何想吃的開胃小點和主菜。我們到了一家多次獲得米其林肯定的餐廳，那棟建築坐落於草木蓊鬱的山坡，旁邊是一條

風景秀麗的小河。我記得主要用餐區幾乎由玻璃搭建而成，因此客人吃飯時，往外望去就能欣賞有如莫內作品般詩情畫意的風景，看著岸邊垂柳隨風搖曳，還有天鵝這種有著優美長脖、姿態令人著迷的雪白鳥禽——慢悠悠地游來游去，就像受雇在席間表演的藝人。

　　我們在過中午的不久後抵達這個田園風光盡收眼底的奢華餐館，我們家（包含鮑伯在內）到了這個時段總是飢腸轆轆，脾氣都不太好。然而，一踏進前門，我皺皺鼻子聞一聞，拉了拉母親的衣袖。「媽，這地方聞起來像臭掉的魚肉。」我的音量大到不像在說悄悄話。母親瞇起雙眼，正要開口對我說話（應該是責罵）時，領班就出現了，突然大聲宣叫「來賓華特斯」（法國人發「s」的音時齒音極重，像在發「z」的音一樣），帶我們走到隔著玻璃窗欣賞生動的印象派景色的最佳位置。大家入座後，我決定再次抱怨，雖然第一次的嘗試沒有好結果：「你們不覺得這間餐廳聞起來像壞掉的魚嗎？」這次我招來了其中兩個大人慍怒的表情。〔鮑伯向來盡量避免介入我們家的爭執——就像瑞士一樣保持中立，除了偶爾傾向對直覺式教養提出意見以外，例如「雖然她只有九歲，但她說她已經做好要看大衛·林區（David Lynch）的《雙峰：與火同行》（*Twin Peaks: Fire Walk with Me*）的心理準備了。我想你們應該讓她看。」結果看完後，我有五個月都在做惡夢，幾乎都跟爸媽一起睡。〕

　　「芬，這裡是法國最頂級的餐廳之一。我確定他們的魚沒有

壞。」母親用既安撫又惱怒的語氣堅定地說。父親也插上一句，「芬，你那該死的鼻子可以不要再鬧了嗎？！」說完便開心地從服務生手上接過有如猶太教律法般一長串的酒單，為這頓飯選擇合適的飲料。等選完酒後，服務生將菜單一一遞給大家。我當時九歲，自己看菜單和點菜都不成問題。我不知道要點什麼當開胃菜，但目光一如往常直接落到了主菜那區的龍蝦。印象中，那道菜是酥皮松露龍蝦（*homard truffé en croûte*），但底下的英文大致譯為「松露龍蝦肉派」，我十分確定它的做法會像九〇年代那樣費工，譬如「用龍蝦與松露鋪疊一百層的千層酥」。無論如何，這是菜單上最貴的一道，與其他道菜差距甚大。我記得是七百法郎，可能還更貴，儘管當時的我無疑對金錢與菜餚的價值沒有任何概念，尤其是法郎，但想必幾百塊法郎肯定不是一筆小錢，否則爸媽不會開始假裝——或發自內心地——感到震驚。我想要是自己堅持點這道菜，爸媽肯定會大吃一驚，但鮑伯馬上挺身而出：「嘿，你們說過她只要吃得完，隨便點什麼都可以。」於是，我點了龍蝦。玻璃窗外，天鵝悠然划過水面。

　　開胃菜上桌，毫無意外被一掃而空。然而，在大家點了幾瓶好酒與喝過幾巡後〔我喝了一杯波多（Badoit）——帶有硫磺味的法國氣泡水〕，主菜陸陸續續由不同的服務生端上，每一位都踩著經過精心編排的芭蕾舞步伐——這家故作風雅的餐廳在人手過多的情況下發展出的特色。龍蝦隆重地放在我面前。然而，服務生還沒走遠，我就脫口而出，「就是這個味道，魚臭掉

的味道。這就是我剛才聞到的臭味。」那一絲絲微弱的氣味證明
了我的說詞。坐在對面的父親眼神迸發出怒火。母親看來尷尬不
已，儘管沒有別桌的客人聽到我的控訴。鮑伯則一如往常地不知
所措。我拿叉子戳了戳派皮，靠上前去仔細嗅聞，心中有了定
論：兇手就是它。坐在我左邊的母親顯然無法專心享用盤裡無可
挑剔的肉類料理，她閉上雙眼，彷彿想藉由念力瞬間移動到沒有
難搞小孩的地方。「不可能。」她咕噥著。然後，她張開眼睛，
緩緩將我面前那個鍍了金邊的盤子拉過去，微微靠近一聞。她證
實，「該死，她說的沒錯。這不新鮮。」然後對我說，「芬，你
不用硬吃。」但言下之意是，**你必須用叉子把這盤菜攪得夠亂，
假裝吃了幾口**。雖然我盡力把盤裡的食物弄亂，還是被服務生發
現了。「餐點都還好嗎？」他收拾我的盤子時問道，帶有些微指
責的語氣。「小孩就是這樣變來變去。」母親刻意翻了翻白眼。
「他們說想吃某樣菜，結果菜上了又不吃。真是沒轍。」就我所
知，母親從未在餐廳退菜或客訴。她偶爾會吃到口味不合的料
理，但基於愛好和平的個性（或至少道德良心），她到餐廳用餐
總是客氣以對，即使自己消費付了全額。我一直都欣賞她的這種
態度，也經常以此為榜樣，儘管在我看來，她對於點菜的重視就
算不是自我約束，也略顯過時。（到現在她仍難以接受，餐廳主
廚希望了解愛莉絲・華特斯對於菜餚的看法與建議，也想知道她
是否有極度討厭的料理。）成年後，我有時在餐廳吃到味道不佳
的菜會要求退菜——然後默默請求母親的原諒，彷彿她是禮節守

護神一樣。然而，沒有一個服務生會向主廚稟報，「芬妮·辛格覺得這些淡菜不夠新鮮」，而我也完全不介意。

　　總而言之，在這間特別的美食餐廳，我們巴不得帳單趕快來。最後是鮑伯結了帳。我想這裡應該澄清一下，我父母與鮑伯在共同出遊這件事上有一個約定：只要我們到餐廳享用美食，我的父母會負責結帳；但如果吃到難吃的東西，鮑伯就得買單。這在大多時候對鮑伯有利，因為我父母絕對不會故意選擇有踩雷之虞或評價不佳的餐廳，但有時候我們不巧訂到高檔餐廳的多人桌位，鮑伯就得負責一筆金額驚人的帳單。鄭重聲明，這次吃到腐臭龍蝦的事件，絲毫沒有影響我對這種海鮮的鍾愛。區區一個臭掉的鹹派，阻擋不了我對龍蝦的熱情。

20
皮托

我十歲時在英法雙語小學讀五年級，全班在學校的安排下去巴黎（更確切來說是巴黎近郊）遊學兩個多星期。對一個十歲大的孩子來說，兩個星期就像一年那麼久；沒有智慧型裝置可以隨時查看時間。在那之前，我從來沒跟父母到外地旅遊過夜，當然也沒出國過。儘管如此，將稚嫩的莘莘學子送到法國跟**真正的**法國家庭相處，是學校的傳統。作為這趟冒險旅程的行前準備，每個學生都已各自與寄宿家庭中的同齡兒童聯絡了一段時間。主要的工具是書信：煞費苦心地用法文草寫拼字（譬如小寫的ps底部有開口，大寫的Ts看起來像Cs），聊一些平淡無趣的內容（像是「我喜歡吃香蕉。我有一雙粉紅色運動鞋。你喜歡看書嗎？」），但偶爾也會使用迷你通（Minitel）。如果你年紀太小或太大，沒聽過迷你通，那我來解釋一下，九○年代初，法國發明的這項裝置象徵了先進的電信通訊科技。透過這種早期的箱型電腦聊天，我們得以在全球網際網路還沒問世的時代，與遠在地

球另一邊的孩子們通話，跟他們說，「是，我也喜歡吃香蕉！粉紅色的運動鞋超酷！我沒有很愛看書。」

　　經過數個月的計畫及我的「法國媽媽」與母親之間幾通互相確認的國際電話，我和班上其他同學在作風高調的五年級導師依夫（Yves）的監督下到了巴黎。我們遭遇的第一個打擊是，到了當地才發現原來要待的地方不在巴黎市區〔也就是靠近艾菲爾鐵塔（Tour Eiffel）的區域〕，而是在相較之下顯得沉寂的一個西北部郊區。這個地方名為皮托（Puteaux），最知名的特色是新凱旋門（Grande Arche），一個建造於一九八九年、屬粗獷派建築的方形紀念碑，是拉德芳斯（La Défense）商業區的地標。有些同學之前來過巴黎，有些在圖畫書裡看過浪漫的巴黎風景；我們第一眼看到皮托的代表性建築，並不覺得它有多特別。我的寄宿家庭住在一棟高高的公寓大樓，可遠眺巴黎西邊的布洛涅林苑（Bois de Boulogne）森林。從陽台看出去就是新凱旋門（從那個角度看起來沒有特別**壯觀**）。他們家空間不大，有兩間臥室、一間起居室及一間廚房，但整潔乾淨，屋況維持得很好。家裡的兩個女兒把共用的臥房布置成青少年嚮往的天地，擺放的珍藏品是我從沒看過的東西：法國與美國流行文化偶像的海報、五彩繽紛的塑膠錄放機，還有一堆法國饒舌歌手MC索拉爾（MC Solaar）的唱片。**她們的房間**裡甚至有一小台電視與錄影機。身為住客的我分到了雙層床的其中一個床位；我的筆友瑪莉—勞爾（Marie-Laure）讓出了自己的床，在我寄宿期間都打地舖。我不是一個沒

禮貌或不知感恩的小孩，但當時的我完全不知道這家人在那兩個星期裡做了多少犧牲。

第一，我不睡覺。在沒有親生父母嘮叨催促何時該上床睡覺的情況下，我的時差一再拉長，造成了有害的影響。我其實不喜歡時差，但我無疑讓它為所欲為。事實上，我根本沒有強迫自己配合寄宿家庭的作息，這與其說是傲慢無禮，不如說是因為不曾有過獨自旅行的經驗。九小時的時差、加上排山倒海而來的思鄉病，讓我產生一種無法抑制的亢奮。我連續幾晚開燈通宵看書後，法國「媽媽」買了一盞頭燈，讓我能繼續過著失眠的生活，而不會影響到她兩個女兒的睡眠。在夜不成眠的兩個星期裡，我看完了學校開的年度書單上每一本書〔《自由戰士》（*Johnny Tremain*）、《安妮日記》（*The Diary of Anne Frank*）與《憨第德》（*Candide*）等〕，你要知道，我看書的速度**沒有**特別快。

第二，我非常討厭香煙的味道。法國「爸爸」成天像煙囪一樣吞雲吐霧，而且幾乎都在室內抽煙。我記不得我用了什麼粗俗的方法讓他知道，對我來說聞到煙味就跟中毒與緩慢悽慘的死去一樣痛苦，但這種情況不久後就消失了。隔天，家裡多了幾只新買的手帕（讓我能像綁繃帶一樣用它們蒙住臉），還有幾罐柑橘味的空氣清新噴霧，我有需要都可以盡量噴。現在回想起來，我敢說，那種號稱能淨化空氣的化學香味對脆弱人體造成的傷害，比令人不適的煙味還要嚴重。唉，當時我才十歲，也沒有找什麼資料來深入研究這件事。

最後一點，我不太習慣在餐桌上優雅地拿刀叉吃飯。沒有人比法國人更執著於餐具禮儀了，不單是用途的分類，使用時還得像跳芭蕾舞一樣做出各種花式動作，避免雙手直接碰觸食物。在柏克萊的家中，吃飯時至少有一道菜用手直接取食是不可或缺的一個環節，而我也一直以為大家都是這樣。在出發前往法國之前，我並沒想到應該先複習一下刀叉的使用禮儀。剛到法國的那幾天，其中一餐是我們到公寓附近一間披薩店外帶回家吃。開動後，我拿了一片就開始狼吞虎嚥，一手捏著邊緣、一手扶著垂下的尖角那端仰著臉咬食，津津有味地一路吃到最外圈的餅皮。然而，吃到一半我發現，自己是桌上唯一一個這樣吃的人。他們每個人都拿一片放在盤裡，一手拿刀子、一手拿叉子小心翼翼地切成小塊，再優雅地放入口中。吃披薩用刀叉？！我承認在一般情況下，斯文地使用餐具是很好的一件事情，但用刀叉吃披薩實在太扯了！於是我依然用雙手取食。雖然之後我嘗試入境隨俗，但仍無可避免地經常弄髒餐巾。餐巾在這個家似乎就只是裝飾品而已，但我每次吃完飯，餐巾都髒得可以。每天晚餐飯後，其他人的餐巾都整齊地束在餐巾環裡，我的餐巾則是被法國媽媽拿去清洗乾淨並吊起來晾乾——她一點怨言都沒有。即使隱約覺得有點羞愧，但當時我有意識到，這是一個極為體貼的舉動。

瑪莉—勞爾與她的姐姐對食物不感興趣，或者應該說，她們不喜歡吃母親做的那種食物。那是麥當勞（McDonald's）獨占鰲頭的年代，在美國與法國都是。當時在外國人眼裡，美國酷得不

得了，是一個文化與政治都卓越超群的國度，有前所未見的流行音樂、引領潮流的時尚，當然還有人人都愛的速食。她們倆唯一想吃的——也經常哀求爸媽讓她們吃的——東西是「Macdo」（唸作「Mack-dough」，指的就是麥當勞）。這可把我嚇壞了。我不確定當時自己吃過麥當勞了沒，但你可以想見，我完全相信這種速食有害健康。話雖如此，事實上在到法國寄宿的幾年前，我們全家飛到佛羅里達探望住在西棕櫚灘（West Palm Beach）的祖父與祖母，那時我發起了一人絕食抗議，堅決不吃大家去麥當勞得來速買來的起司漢堡。沒錯，大約在一九九〇年，我的母親確實買了一個麥當勞漢堡。然而，她的理由是，當時我們的班機延遲了四小時，凌晨一點才到目的地，她與我的父親兩個人飢餓難耐，而且附近除了麥當勞之外沒有其他選擇。如果說有一件事偶爾能迫使母親在道德上妥協，那會是血糖。血糖的波動程度不但讓她老把「我血糖太低了！」這句話掛在嘴巴，也一向是我們家一些最精彩、也最慘烈的烹飪惡作劇的幕後推手。要我說的話，西棕櫚灘那次吃麥當勞是我們家最糟的時刻。但即使在家庭的這個低潮，我依然堅守原則、抵死不屈。母親反覆灌輸我速食產業罪不可赦的觀念是如此深刻（儘管我對自己喜歡吃機場及／或停車場賣的熱狗這件事微微感到羞愧），以致那天晚上我寧願只吃在旅館房間迷你吧翻找到的藍莓穀物燕麥棒，就這麼挨餓上床。

　　我不太記得剛到法國的那幾天，寄宿家庭的媽媽煮了哪些料理。在 Google 尚未發明的時代，她無法在我到來之前先上網搜

尋我的母親是何方神聖，於是便假設我也跟她的女兒們一樣，愛吃乏味的白色食物。儘管如此，我會時不時設法透露自己其實非常熱愛美食、甚至是個乳臭未乾的美食家，還有渴望到廚房跟她一起做菜。我們聊起各自喜歡與討厭的食物。我提到唐皮耶酒莊的露露·佩羅與普羅旺斯的烹飪風格，還有她利用味道濃郁的魚湯與富含香料的大蒜蛋黃醬煮出的法式海鮮什燴。我告訴她，我有多愛吃沙拉及住在凡斯的奶奶在自家庭院種的綜合生菜葉，後來我母親進口那些種籽，在家裡後院也種了一些。當然，我也提到了帕尼絲之家。我描述第一次走進廚房會看到的景象，銅製烹飪器具閃閃發亮、燈光昏黃而溫暖，還有巨大的開放式壁爐——一頓飯裡至少有一樣食材是在這裡烹煮的。我還說到了用大淺盤盛裝的料理，像是加了光滑油亮的茄子、櫛瓜花與大顆原生番茄的解構版普羅旺斯燉菜；好幾籃的新鮮香草與各種顏色的吉普賽胡椒；還有看起來像瀑布傾洩而下的插花。

　　一天下午，我參加完凡爾賽宮（Versailles）的校外教學後回到家後，法國媽媽牽起我的手，帶我出外採買雜貨。其他人留在家裡。我問要去哪裡，她微笑不語。我們穿過一棟又一棟的建築，走過狹窄的街道，轉了好幾個彎，讓人完全失去了方向，最後終於抵達她口中的當地戶外市集。我在美國與法國去過許多室內和戶外的市場，但看到那座市集的原始仍十分訝異。這座市場不像美國農夫市集那樣講究商品行銷，彷彿在暗示法國人不需要他人遊說也知道要吃得好、吃得巧。如同任何工業化國家，那裡

　　當然也有不計其數的商品來自進口，包括義大利的葡萄、希臘的
無花果、非洲的酪梨──這些她都不買。她帶我到她最愛的攤
位，那個老闆娘賣的蔬菜看起來不像是自己種的，而是從野外採
來的。我們買了一堆新鮮現挖的馬鈴薯（上頭還黏著泥土，莖枝
纏在一塊兒）、幾棵粉紅色蒜頭、長有鬚根的白洋蔥、一把剛從
土裡挖出、根部完好的巴西里，還有幾把西洋菜。我從未看過西

洋菜這種蔬菜，深翡翠綠的色澤光亮，強烈的辛辣味讓人光聞就舌頭發麻。

　　那天晚上，她煮了西洋菜濃湯（法文作 potage de cresson），一種以西洋菜為主要食材的湯品（但讓我驚喜的是，裡頭還放了切碎的巴西里根，那味道就像結合了歐洲防風草與芹菜根）。上桌時，只見濃湯呈現鮮綠色，讓人很難相信那是可以吃的東西。那道湯至今依然是我嘗過最難忘的味道之一。就連她的兩個女兒——白色食物最堅定的支持者——也一下就喝光了。在那段期間打給爸媽的三千五百通長途電話之中（在預付卡上花了一大筆錢），我至少有十分鐘都在向母親描述那道湯的滋味。回到加州後，我們嘗試一起依照我在寄宿家庭的廚房裡觀察到的做法重現那道濃湯。出來的成品是好喝的，但不夠美味，少了某種味道。那種味道正是風土（法文作 terroir），每當我們在歐洲與美國吃到的同一種食材有不同味道時，母親都會這麼說。經過數百年的栽種與考量風味、韌性及外觀的選殖，這是土地的風味，凸顯了當地特有的氣候與環境。而這是加州人必然欠缺的深刻經驗，因為加州近年來才引進了舊世界（指亞洲、非洲和歐洲）的作物。母親時常感嘆，蔬果的品種五花八門，但少了富有層次的風味，即經過數世紀淬鍊而來的滋味。雖然我從五年級時在巴黎郊區的寄宿家庭裡喝到那樣辛辣且色澤翠綠的西洋菜濃湯之後，就再也沒嘗過那種味道了，但這仍是我只要在市場找到上等西洋菜就會買回家做的一道菜。

西洋菜濃湯

　　在一只大厚底鍋裡放入數大匙奶油加熱融化。倒入一大口橄欖油、一顆切碎的洋蔥、一根切絲的韭蔥與一小根切碎的朝天椒。（朝天椒可加可不加，但說到吃辣這件事，我遺傳了父親的口味，而他是會在燉飯裡加墨西哥辣椒的那種人。）將這些食材翻炒至軟化。加入幾瓣剁碎的蒜頭、一把大致切過的巴西里葉與兩大撮鹽巴，煎炒一分鐘，注意不要讓蒜頭燒焦了。取一大顆馬鈴薯（或幾小顆馬鈴薯）削皮並切成約一點二公分大的塊狀，放入鍋中，加入四杯水或雞高湯。如果你在農夫市集有買到巴西里根，可在這時切碎加入──這種佐料可為這道湯與許多其他湯品增添越久越濃郁的風味。倘若沒有巴西里根，也加一點芹菜根替代。不加這兩種食材也無妨。

　　煮至湯滾後，轉小火慢燉，直到馬鈴薯完全軟化且一碰就碎（約十到十五分鐘）。鍋子離火，加入六杯剁碎的西洋菜與一大撮現磨的黑胡椒粒。用手持攪拌器將濃湯打成糊狀，直到呈現均勻的綠色為止（也可分批到入直立式果汁機）。打好的濃湯倒入鍋中再次加熱，必要的話加點水調整稠度，視味道再加點鹽巴或胡椒。有時我會刻意不將湯裡的食材打碎以保留口感，但攪拌處理後，西洋菜辛辣的味道會更濃烈。盛好湯後可加一塊濃優格，撒上馬拉什紅椒粉並滴幾滴上等橄欖油，或什麼都不加直接享用。

21
特趣巧克力棒

　　即使法國寄宿家庭的媽媽開始配合十歲大的我在烹飪方面無所畏懼的精神，而調整晚餐菜單（這帶給她莫大的樂趣與驕傲；她是一位了不起的廚師），但依舊為我們三個女孩準備異常單調的午餐。每週會有一、兩天的午餐是兩邊切邊白土司各抹上一小塊奶油（超級美味的法式奶油）與夾了一片鬆軟火腿的三明治、一包樂事（Lay's）洋芋片，還有一根特趣巧克力棒（le Twix）。由於生理時鐘飄忽不定，我早上搭學校巴士時幾乎都在睡覺，不論目的地是哪裡〔凡爾賽宮、羅浮宮（the Louvre）、盧森堡公園（le jardin du Luxembourg）、龐畢度中心（the Pompidou）〕，然後在十一點醒來，飢腸轆轆地掃光午餐袋裡令人失望的三樣食物。抱歉，我應該說是兩樣，因為在這段期間我對特趣巧克力產生了一種短暫而深厚的愛戀。吃完三明治與洋芋片、再大口灌完一瓶可樂後（又一個我在美國被嚴格管控不能多看一眼的食物），我會懷著感恩的心情靜靜地享受與小小一根特趣巧克力棒

共度的美好時光。

　　想也知道，糖果不是我童年時期的特別回憶。我大概一直到六歲左右才初嘗糖果的滋味，而且只有到復活節與萬聖節等節日才能在爸媽的嚴格監督下才能吃個幾顆。他們只准我吃健康食品商店裡一向不怎麼甜的調味蜂蜜棒，偶爾還可吃一些角豆粒，但我必須說，那些東西是要騙誰啊？它們吃起來**一點也不像**巧克力。有時，父母也拿特產水果當作糖果來打發我，有次他們說，「如果你今天乖的話可以吃一顆百香果。」結果，這導致我長大成人有能力賺錢後，經常買一大堆百香果回家吃個痛快。我記得自己小時候因為非常渴望吃糖果，還曾哀求褓姆瑪莉‧喬（她剛好也是帕尼絲之家糕餅部的廚師）在家做棒棒糖給我吃。那些棒棒糖跟外面賣的像極了，但吃起來太像精緻的李子果醬，不是我要的那種廉價糖果。

　　然而，寄宿生活的第一週大約過了一半之後，我暗忖既然法國媽媽固定在午餐裡準備特趣巧克力棒，那麼家裡肯定有某個地方藏著單獨包裝的焦糖巧克力餅。挾著時差促成的膽量，我戴上頭燈展開搜索行動。不久後，我在走廊的衣帽櫃上層發現了目標，於是到廚房拿了一張小踏凳，躡手躡腳地走回衣帽櫃前。之後，去那兒偷拿巧克力棒成了我在夜裡的例行公事。儘管巧克力棒是裝在好市多（Costco）那種大盒子裡，我依然謹慎控制半夜吃糖的份量。為了不被發現，我從來不會一次拿超過一根，因為我知道午餐時會再得到一根。任務完成後，我會拿回床上慢慢品

嘗，用門牙刮下餅乾表面甜滋滋的巧克力與焦糖，然後慢慢無聲地和著滿嘴的唾液吞下，沉浸於吃其他食物不曾有過的愉悅滿足。

　　兩週過後回到美國，我感覺既疲累又如釋重負，從機場回家的一路上都癱躺在後座。爸媽知道我終究會跟他們分享這段期間發生的所有事情，也知道自己一定能看到我用一堆拋棄式相機拍的無數張構圖不佳的低畫素照片，因此沒有急著逼問我。母親一打開家門，我整個人像死了又復活似的，穿過廚房飛奔到後院，舒服地躺在高聳又古老的紅杉樹下蔓生的草地。母親說，我就這樣躺了一小時，四肢張開成大字形，像在漂浮一樣；草地是平靜無波的湖泊，而我的身體安穩地浮在水面上。事後回想，那不只顯現了時隔兩週終於返家的激動（雖然在巴黎近郊度過陰雨綿綿又時差纏身的兩個星期是一次難忘的獨特經歷），也凸顯了一個人與大自然的交融──這是從小在柏克萊長大的我視為理所當然的事。沒有其他地方可以取代溫暖熟悉的家，我在別著地方從來不曾見過，眼前只有一棵綠葉如碧的巍巍大樹，背景還襯著湛藍天空的景色。

22
波利納斯的生日派對

　　我很小的時候，母親總在家裡寬敞的後院幫我辦生日派對，那裡如今變得雜草叢生，種了許多種賞心悅目的食用植物與玫瑰花，但在以前曾經栽種了一排排的萵苣，作為餐廳廚房的食材來源。我父母的各方好友會出現在派對裡，開心地喝酒、細細品嘗母親做的果醬，在萵苣田那兒聊天敘舊。在這種日子，母親甚至允許我吃一片瑪莉・喬做的蘋果醬蛋糕，雖然那其實沒有加糖，看起來有益健康，大多數的兒童都不會覺得那是甜點。（儘管如此，我還是非常懷念那個滋味，最近更為了教女的一歲生日而嘗試做了一個──以這年紀來說，她似乎對那個蛋糕頗為滿意。）這些後院派對最令人印象深刻的一場是我的五歲生日，大約是在我到新學校上幼稚園的一個月前。舉行生日派對的前幾週，我開始明確表示希望能有一場「生日遊行」。我的學齡前朋友會來參加派對，其中包括我的「男友」科爾（Cole），而我盤算著要跟大家來一場盛大的遊行。我真的不知道自己怎麼會有這個點子。

　　根據鮑伯的敘述，到了舉行派對的那天，我興奮地跟朋友們說到遊行，彷彿這是一定會成真的事，但母親看來並沒有準備或安排任何這類的活動。我想對於這件事，鮑伯比她更焦慮，而我隨著朋友們陸續到來焦慮地追問遊行的事，顯然更讓他心急如焚。母親邊端著點心與果汁，邊催促我們到後院玩，之後就消失了二十多分鐘，再度出現時，手上竟捧著許多珍奇寶物，有戲服、畫臉的顏料及用來製作帽子與皇冠的彩色紙。雖然我原本想像的是像個女王一樣地**欣賞**一場遊行，但她將我們這些孩子都變成了遊行的一員，幫我們圍上頭巾，將五顏六色的造型紙板黏在我們等下要高舉的木棍，在我脖子上繫一條舊床單當作披風，讓我走在整個遊行隊伍的最前面。我們的臉頰貼了閃亮亮的貼紙，嘴唇塗成紅色，頭上插花，腰間綁了絲質緞帶，就像慶典時大人們綁的腹帶一樣。我們一開始先繞了萵苣田一圈，之後往更遠的地方前進：遊行到了街上，繞柏克萊住家的那個街區走了好幾圈，一邊開心地大聲歡呼，一邊將胡亂塗鴉的旗幟舉在空中不停揮舞。科爾走在我旁邊，頭戴的紙皇冠歪垮地蓋在深色的頭髮上，我們兩個人走在前頭，滿心歡喜地帶領這個臨時組成的隊伍。

　　約莫從我十歲開始，我們家到了夏天都會去波利納斯（Bolinas）待個幾天，那座海濱小鎮位於馬林郡（Marin County），距離東南邊的柏克萊約一小時車程。母親的摯友蘇西──算是我的「神仙教母」──在五〇年代的童年時期週末都在

波利納斯度過，多年後決定到那裡買一塊地返鄉生活。那塊地在出售時已建有一座小屋，蘇西將它整修後便暫時住在那裡，等正式的房子蓋好。因為那座小屋的關係，我開始經常造訪西馬林（West Marin），而同行的人通常都只有蘇西一個。我記得在十歲時曾跟同學說，自己**最最要好的朋友**是五十歲的蘇西。這恐怕是成天圍繞在大人身旁的獨生子女無可避免的事了。從那之後，我對年齡的差距便不怎麼在意。

總之，房子蓋好後，蘇西開始邀請朋友來小屋住住。雖然除了我們之外也有許多朋友來此度假，但蘇西與她的先生馬克（Mark）有時會稱那是「愛莉絲的小屋」或「愛莉絲與芬妮的小屋」，裡面的四個房間擺了一些我與母親的照片及紀念品，數量甚至比我們在柏克萊的房子放的還要多。我想，蘇西是透過這個方式向我們傳達，這裡是我們的另一個家，我們應該把這裡當成自己家，隨時想來就來。

多年後，在我還住在國外的那陣子，每每都是到了波利納斯才有回家的感覺；也就是從北美洲板塊（North American Plate）跨到太平洋板塊（Pacific Plate），穿越海灣的上緣與潟湖頂端、肉眼看不見的聖安地列斯（San Andreas）斷層之際。聽來也許有點抽象，但我發誓，我在飛機跨越斷層線的那一刻感覺得出差異，彷彿能察覺地域的地質組成似的。但是，我不認為這完全是我自己在虛構情節；即使是樹木、地貌、光線的紋理──如果土壤中的礦物質從地球的另一端被帶到了這座海岸，經過千年淘洗

後與本地的土質融合，最後剩下一條地震裂縫，這些難道不會跟著改變嗎？不論是什麼不可言喻的力量在推動這一切，我抵達波利納斯時，的確會突然間感覺「就是這裡」，或者應該說是到家了的一種感覺。在我人生的大半日子裡，那種無邊無際的感受在實質上與精神上都牽繫著我與這片土地。

至少過去的二十年裡，我連住在英格蘭的期間，每逢生日都是在波利納斯過的，而且往往都在帕尼絲小館（Shed Panisse）慶祝——它就在那間小屋的對面，與屋子的小露台相望。約略在十年前，馬克身為技藝精湛的業餘木工，用粗陋的材料為這棟附屬建築（遇節慶時會擺設一張大桌子）做了一塊招牌，仿照帕尼絲之家原有招牌的字體，讓人想起那塊在一九七一年掛上餐廳木造門面的彩色招牌。

帕尼絲小館的屋頂由木瓦搭成，木造牆面被陽光曬得發白。一大簇賽西莉布呂娜（Cecile Brunner）玫瑰花叢彎成拱形當作門飾，那與其說是灌木，不如說是錯雜蔓生的枝條，到了春夏時節會有一朵朵小白花點綴其間。屋內的空間全被一張訂製的長桌所占據；滑開穀倉門，會看到一座石造露台，那裡有設備齊全的戶外壁爐，配有兩個我母親最愛的托斯卡尼式鑄鐵烤爐，邊緣還有些微的鏽斑。兩張寬大的長凳上鋪有軟墊，椅板的長度跟桌子一樣寬。牆邊的座位上放有比較小的靠墊（織物的顏色與條紋讓我想起在南法去過的那些餐館），讓人在飽餐一頓後可以慵懶地靠著休息。在長椅上方，每根柱子之間的牆面都掛滿骨董鏡，那

些鏡面隨著歲月的洗禮而搖搖欲墜，有些更蒙上一層白色霧膜。一盞鐵線大吊燈懸在餐桌上方，蠟燭可以裝在細小的玻璃杯裡，再插到上面去。當太陽落下、蠟燭點燃，每一面鏡子映照數十個微小火焰的光芒，整間小屋頓時充滿溫暖的金黃燭光，那樣氛圍獨特的光亮彷彿透出了紋理。這個空間沒有昂貴的奢侈品，單純只是點了蠟燭，桌上擺放幾個插有蘇西種的大理花的小花瓶與一盤又一盤的美饌，卻顯得超凡脫俗。

　　從我有記憶以來，母親一向會問我生日想吃什麼。我有點羞於承認的是，打從我懂得表達想吃什麼料理開始，菜單裡通常都包含龍蝦。容我解釋，我後來才知道，龍蝦是多麼昂貴或稀有的食材（雖然有了這層認識實際上並沒有讓我在點菜時改變主意）。然而，我的確從一個事實中得到了慰藉，那就是不論近幾十年來龍蝦獲得多麼崇高的評價，對十八世紀美洲殖民地的監獄囚犯來說，一週有好幾餐吃多得到處都是的甲殼類海鮮，是一種慘無人道又不奇特的懲罰。

　　由於加州不產龍蝦，因此當地人都抱著崇敬的態度看待這項食材，我的父母也只在我生日才破例讓我享受這種美食。這些年來，我們做過許多以龍蝦為主的美味料理，從我母親的教子尼可‧孟戴煮的龍蝦海鮮飯到西爾萬‧布拉克特（Sylvan Brackett）的龍蝦味噌湯，甚至是為我二十一歲生日準備龍蝦尾巴和牛排的奢華海陸饗宴。我的確在那年生日大膽表示想吃海陸大餐，而母親再怎麼不願意設計一套像「時時樂」牛排館（Sizzler）那樣的菜單，依然實現了我的心願。然而，最令我難忘的龍蝦料理是綠女神沙拉醬龍蝦捲（green goddess）*。我即使愛吃龍蝦，但沒有特別喜歡龍蝦捲。我最愛的吃法是簡單水煮過，加上一點融化的奶油與擠上大量檸檬汁。說穿了，我最喜歡這些海鮮的肉質本

---

*　舊金山皇宮酒店的行政主廚菲利浦‧洛莫爾（Philip Roemer）為了向喬治‧亞里斯（George Arliss）致敬，以他主演的舞台劇《綠女神》（*The Green Goddess*）為名，研發出一款特別的綠色醬汁。

身，螯鉗和尾巴的口感都不同，有時蝦腳那一丁點的肉裡蘊藏濃濃的甜味，小時候我總會把它們當吸管一樣用力吸食。

然而在那年生日，我想說換個口味，於是點了龍蝦捲。除此之外，我還表明想吃綠女神沙拉——小寶石（Little Gems）萵苣生菜淋上草味與酪梨味濃厚的沙拉醬（不是食用色素比調味料多、味道但缺乏層次的美乃滋，也不是舊金山皇宮酒店（Palace Hotel）的主廚在一九二三年以美乃滋與酸奶為基底，再加上細香蔥、巴西里與鯷魚做成的那種沙拉醬）。

準備這道菜的過程中，母親決定來個重大的改變：生菜拌上簡單的油醋，龍蝦則用綠女神沙拉醬調味。綠女神沙拉醬龍蝦捲這道料理似乎明顯受到深刻的啟發。如此烹調下，龍蝦肯定會充滿羅勒、龍蒿、香菜與巴西里的香氣，口感也會因為基底的蛋黃醬與酪梨泥而更加濃郁。加入氣味辛辣的細香蔥、切細段的青蔥、檸檬汁與萊姆汁後，滋味變得更加豐富迷人。麵包捲是母親意外發現的好物，從那時起便取代了我們做菜時原本會用的麵包。如果你想做龍蝦捲，可以試試這個步驟稍微複雜的方法。

綠女神沙拉醬龍蝦捲

若要製作四人份的量，首先準備兩隻龍蝦，每隻重約六百八十克。找一個夠大的鍋子放入並加大量鹽水煮熟。煮好後先將龍蝦冰起來，等要下鍋時再取出。記得要抓著龍蝦的身體，頭朝下地放入鍋中。從第一隻龍蝦下鍋起計時七分鐘，然後準備一大盆冰塊水。轉成文火慢慢煮熟

——滾水會讓肉質變硬。七分鐘一到，立刻取出龍蝦，放入盆中冰鎮。

接著是綠女神沙拉醬，準備適量蛋黃醬，加入蒜頭調味，靜置備用（見第81頁）。一大根青蔥剁碎，加入一大撮鹽巴、兩大匙香檳醋、半大匙檸檬汁與半大匙萊姆汁浸軟。拿一個碗或研磨缽，利用叉子或杵將一顆中等大小的酪梨搗成滑順的泥狀。酪梨泥倒入碗中，倒入半杯蛋黃醬。以下食材切碎後加入：四分之一杯巴西里、三大匙龍蒿、兩大匙羅勒、一大匙香菜與兩大匙細香蔥。手邊有山蘿蔔的話也可加入。（這裡可隨興發揮，任何清新鮮嫩的香草都可以加入，尤其是龍蒿。）三條橄欖油鯷魚切碎或搗碎後加入，並撒上大量現磨黑胡椒粒。攪拌均勻，試一下酸味與鹹味。龍蒿的味道應該會稍微比其他香料明顯一些；如果醬料的類茴芹氣味不夠濃重，再加一點檸檬汁與萊姆汁。置於一旁備用，必要時冷藏。

龍蝦冷卻後，以自己覺得方便舒服的方法挖出殼裡的肉。我喜歡先扭下尾巴與螯鉗。蟹鉗夾是最理想的工具，但木槌或杵也可用來敲開螯腳。盡可能保持肉塊的完整。尾巴部分，可拿廚用大剪刀剪開腹部薄薄的保護殼。輕輕撬開尾巴的硬殼，記得裹條毛巾以免雙手被蝦殼的利邊割傷。如果肉有點濕潤，拿餐巾紙壓乾，並將尾巴與螯鉗的肉切成半吋的大塊。倒入一半的綠女神沙拉醬調味。必要的話再多加一點醬，直到每塊龍蝦肉都沾附適量醬汁。試一下味道——香氣清新的醬料應該能襯托肉的鮮甜。可視口味加幾滴柳橙汁或少許鹽巴。

麵包的部分，請盡量準備品質優良的熱狗麵包捲，修掉邊緣〔我們使用頂點麵包店的小圓麵包，但味道重一點的布里歐也很適合，如果真的沒有其他麵包，龐多米麵包（pain de mie）*也行〕。我喜歡外皮塗一

---

*　法式白吐司。

點奶油烘烤，但不烤也沒關係。將龍蝦肉填入麵包捲，跟調味清淡的萵苣沙拉一塊享用。你當然也可以不準備麵包，直接吃用綠女神沙拉醬調味的龍蝦沙拉。

　　波利納斯有兩間販賣食物的商店〔如果將米奇・默區（Mickey Murch）開的福音平原（Gospel Flat）農場也算進來的話，就有三間〕，一間名為波利納斯全民商店（Bolinas People's Store）的典型有機天然食物店；另一間是當地一家超級市場，我總把它叫作「雜貨店」（General Store）。如你所料，前者是一家合作商店，位於只有一層樓的美麗小舖，地點在社區中心正後方大路轉進來的一條死巷。另一間免費盒子（Free Box）也位處同一個隱蔽的廣場，小小的店面擺滿了書籍、鞋子、衣服與其他各類用品，扮演社區捐物中心的角色。門框上方釘有一塊手繪招牌，請求顧客「期待奇蹟出現」！我一向喜歡逛波利納斯全民商店，那裡有股淡淡的廣藿香與散裝穀物的氣味，櫃檯後方總是煮有一鍋熱騰騰的蔬菜湯。店裡陳列的商品似乎準確反映了當地社會的喜好（包含從小到大都在這兒生活的嬉皮人士、返鄉青年與近年來週末會來此度假的中產階級）。一方面，這裡可以買到環保衛生紙、不好用的竹製牙刷、無氟牙膏、各式各樣的有機格蘭諾拉燕麥、發芽的全麥土司、種類繁多的散裝食物如麵粉、果乾與堅果，當然還有各種大豆製品與口味眾多的瑜珈茶（Yogi）。另一方面，走幾步路就可買到布里克梅登烘焙坊（Brickmaiden

Breads）品質優良的麵包，女牛仔乳酪鋪（Cowgirl Creamery）五花八門的起司，領頭羊農場（Bellwether Farm）的羊奶優格，還有蜂蠟蠟燭、許多之前從未見過的調味料，以及米奇經營的農場不是種不出來、就是沒有栽種的各類有機蔬果。然而，這個地方設法盡可能透過最好的方式突破「匠人手作」的標籤，在我眼裡同時仍保留了我們家二十五年來所見的原始特色。

另外那間「雜貨店」我們就比較少去了。它的店面很大，就像老西部邊遠城鎮會看到的那種房子，裡面賣的東西琳瑯滿目，大部分都是當時還小的我不能吃的東西。因此，我很愛去那裡，即便只能眼巴巴地望著一盒盒貝蒂‧克羅克（Betty Crocker）蛋糕粉與鄧肯‧海恩斯（Duncan Hines）預拌蛋糕粉、比司吉粉（Bisquick）、吉露牌（Jell-O）果凍粉，還有大米羅尼（Rice-A-Roni）料理包及不計其數的罐頭與冷凍食品。各式各樣的糖果與洋芋片，還有形形色色的瓶裝與罐裝莎莎醬，實在讓人賞心悅目。這裡也是鎮上唯二可以買到啤酒、紅酒與酒精的地方之一，雖然這對年紀還小的我來說不是什麼問題。然而，我很愛這間市場後面凌亂懸掛的美樂（Miller Lite）與百威（Budweiser）啤酒的霓虹燈招牌，再往後走，則擺了一大堆不知作何用途的空酒瓶。我很少逛所謂的「典型」美國超市。我曾獨自或跟朋友的家人一起去過喜互惠（Safeways）或好市多；因此從小到大並非完全沒接觸過主流的飲食文化。但是，我從未去過德州西南部或愛達荷州（Idaho）的鄉村城鎮會有的那種市集。我不確定自己是

否在電影裡看過「雜貨店」長什麼樣子，或只是覺得這種地方充滿電影的氛圍，但即使它們最近改善了蔬菜的陳列方式與採用一些推銷手法，那種道地的生活風味也絲毫未減。

雖然我們吃的大多數食物都不是在「雜貨店」買的，但我們會去買魚和肉品，因為那兒有一整櫃大多是其他地方買不到的當地肉產，像是鎮上為數不多的漁夫捕來的漁獲，或是在大梅莎峭壁（Big Mesa）附近放養的牛羊。母親一通電話就可聯絡到那裡的店員黛安（Diane），一個戴眼鏡、十分健談的女人。每當夏天我們待在波利納斯時，她幾乎每天早上都會打電話問黛安當天有沒有新鮮的漁獲，如果沒有，可能不久後就會收到一批貨。如果答案是肯定的，尤其是國王鮭魚，母親就會激動地大叫「黛安，不要動牠！千萬不要切。我現在就過去！」然後我們會迅速跳上車（即使從小屋走到店裡只要十分鐘），到店裡之後，母親會站在櫃檯後方，仔細查看未經任何處理的魚肉的紋理。假如魚的尺寸不大，但兩個人吃不完，她寧可邀請自己在波利納斯認識的所有人來吃晚餐一起享用，也不願讓如此美麗的一條魚被切得四分五裂。挑好魚後，她會懇請黛安進行基本的處理就好：刮除魚鱗、挖掉內臟，剩下的她回家自己弄。

那間店偶爾會缺貨，連續好幾天鎮上的漁夫一條魚都沒送來。遇到這種情況，我那向來不願認輸的母親便會直接衝到和富路（Wharf Road）上的碼頭，期待能遇到運氣較好的釣客。當然，沒有商業許可證的漁夫不得從事商業交易，不過可以將個人

捕到的一丁點漁獲送給他人或以物易物。我母親慣用的伎倆是掏出高於兩倍價值的現金（例如，她逛農夫市集時經常付給攤商平均多達兩倍的價格，因為她認為「飲食是一種政治行為！我們必須支付食物的真實成本！」），但這項策略在這兒行不通——沒有人想冒險失去捕魚的資格。走投無路的她曾經拿出一疊帕尼絲之家的禮物卡（也就是「餐券」），向幾名正在替小型漁船卸貨的漁夫大喊，「一條鮭魚換帕尼絲之家的三頓晚餐！」

在波利納斯度過夏天，一向意味著這段期間可大啖鮭魚，因為漁夫從停泊在當地港口的船上就可捕撈到一些頂級的太平洋鮭

魚——又名大鱗鮭魚（Chinook）或帝王鮭。開放合法捕撈這種又大又肥美的加州海岸本土魚類的「鮭魚季」，通常始於六月，一路延續到十月。到了八月，我們通常會開始出現「鮭魚疲勞」的症狀，因為漁獲過剩而有點吃膩了。儘管如此，在海洋生態面臨重大危機的時刻，海裡仍可見到鮭魚這件事無疑是個奇蹟，而我們更是幸運能享受這種珍貴的海味。在我心目中，沒有比簡單烹調更好的吃法了：炙燒或烘烤後，用無花果的葉子包著一起享用。

無花果葉包鮭魚

我想母親應該是在九〇年代初期開始利用這種方式料理鮭魚的，因為我記得她曾經端過一道菜給我，而我一看到就起雞皮疙瘩（第一個反應是，「那個燒焦綠綠的東西是什麼鬼？」），然後被迫咬上至少一口。結果，這道菜立刻成了我最愛的美食之一。這道料理長踞帕尼絲之家咖啡廳的菜單已有數年，曾出現在許多食譜書中，還是無數間餐廳設計菜單的參考對象——其中一些是帕尼絲之家的前任員工開的。我認為，要哄孩子吃魚，最好的辦法是把魚肉的味道弄得像椰子一樣——無花果葉除了具有果實的甜味，還能賦予鮭魚一種絕妙的熱帶風味。這也是無花果葉在這道料理中無可取代的原因。你可以改用葡萄葉，但做出來的味道會不一樣。此外，在都市，無花果樹比一般想像的還容易找到，可見於紐約、倫敦、洛杉磯與舊金山等城市綠樹成蔭的社區，而且沒有比獵尋它們更令人滿足的事了。然而，如果你的房子有庭院或戶外空間，就自己種一棵吧！即使所處地區的氣候不利開花結果，烤魚時可

以直接取得要用的樹葉也很好（更不用說那些葉子還能有其他很棒的用途，像是用它們來包裹半熟的桃子後放上火爐炙烤，或是用溫牛奶浸泡葉子，做成略帶無花果香味的冰淇淋卡士達。）

以四百五十克為單位，大片無花果葉與魚肉的量為一比四。用冷水徹底洗淨。每一片鮭魚塗上少許橄欖油，撒上大量鹽巴與黑胡椒粒調味，再用一大片無花果葉包起來，邊緣的部分收折到魚片底下，像在包禮物一樣。我通常會利用牙籤或肉叉的尖端來固定這些葉片。如果葉片無法完整包覆魚肉也沒關係，味道仍可滲透進去。將包好的鮭魚片放到烤盤上，送進預熱至約攝氏兩百度的烤箱，烤到熟度適中，這大約需要六到八分鐘的時間。烘烤過程中可多翻開葉片幾次檢查熟度。寧可不夠熟再回烤幾分鐘，也不要一次烤到過熟，這樣魚肉吃起來可能會有點粉粉的或口感太韌。這一點是我跟母親學的；她從來不在意食物沒熟得再放回鍋裡、烤箱或烤爐上加熱。一開始煮得不夠熟，總好過煮得太熟而無法挽救。

將烤好的魚肉盛盤，剝開包裹的葉片讓肉片露出來。（小時候的我喜歡細細咬食無花果葉烤焦的邊緣。）母親通常會做一種「複合奶油」當作沾醬。所謂複合奶油，其實就只是將奶油置於室溫下，與切碎的香草或其他香料混合，再撒上一點海鹽。你可以加入切碎的細香蔥或巴西里、羅勒、山蘿蔔等調味香料，或者使用色彩更繽紛、辛香味更強烈的替代品：將西洋菜的花朵與葉片切碎後混合，甚至加入新鮮的辣椒。我做魚類料理時通常喜歡使用以橄欖油為基底的青醬（見後段），但無花果葉襯托出的鮭魚滋味實在太特別了，只要擠一點檸檬汁、撒上幾許香草或滴一些特級初榨橄欖油，就十分美味。如果利用烤爐或營火烘烤，鮭魚的風味會更強烈，無花果葉剛好也能避免魚肉直接接觸烤架。不論哪種烹調方式，都能做出肉質鮮美又氣味芬芳的成品。

　　加州是一個很容易讓人自覺渺小的地方；壯闊的自然環境經常使人自嘆弗如。我有時在想，自己之所以移居英格蘭長達十年，或許不是因為想去一個相對狹小與地形受限的環境生活。對我而言，地理環境無論天然或人為，都會影響我的思考輪廓——如前所述，人的天性不是破風前進，就是走向邊緣。我從來沒有像在波利納斯的時候那樣脆弱。

　　向晚時分，往西繞過潟湖或穿越山脊到波利納斯的最後這段路程，瀰漫一種朝聖的氛圍。薄暮的日光看起來就像細棉布塗了一層蜂蜜。即使西邊的海岬模糊了落日的軌跡，天空依然透著亮光。到了潮起潮落的海灣最北端，道路往左彎了一大圈之後，再次朝著南方的波利納斯前進（那裡並未設置任何指標），東邊被夕陽照得金黃一片的山巒瞬間映入眼簾，只見它們幾乎被深色的針葉林所遮蓋。眼前的景色覆上了淡藍的霧色，看起來很不真實，有那麼一刻，你很難想像自己才剛從那個方向過來。經過很長一段日子，如今回到加州，我時常想起那些著作令人愛不釋手、深刻影響了童年的我的作家們，思考著對我而言家代表什麼意義。這些作家包含約翰・斯坦貝克（John Steinbeck）、傑克・倫敦（Jack London）及瑪莉・杭特・奧斯汀（Mary Hunter Austin）——他們在描述遊子返家所感受到的光輝燦爛時，感覺都接近入迷的狀態。我敢說如果他們來過波利納斯，肯定會為這裡的景色神魂顛倒。

　　轉過波光粼粼的沼澤，正要開進兩旁都是農田、通往鎮上的

唯一一條道路時，會先看到米奇‧默區經營的那座農場。這塊名為福音平原的沼澤低地，是現年三十幾歲的米奇出生與長大的地方。約在十年前，他開了一個農場自營店鋪，向居民與遊客供應大多為當地特有、致力實現碳中和的食物。這個店鋪無人看管，全靠個人良心運作，顧客們自行秤量商品、將購買的品項記在桌上凌亂擺放的幾本信箋紙，然後把錢放到一個上了鎖的特製焊接盒。那裡掛了一個燈管招牌寫著二十四小時開放，的確如此──我曾在夜深人靜時到那兒摸黑採買消夜要煮的食材，只能靠手機的亮光挑選唐萵苣、甜菜與洋蔥。

　　每年的七月四日，波利納斯都瀰漫國慶日的歡騰氛圍。我總覺得這樣的情景有點違和：一個反對主流文化──且在各方面抗拒現存社會體制觀念──的嬉皮城鎮，如此興高采烈地慶祝美國的獨立紀念日。但就我記憶所及，即使在美國政治最黑暗的時刻，這座小鎮仍竭盡所能歡度國慶。慶祝活動由競爭激烈的拔河比賽拉開序幕，對立的雙方分別是波利納斯隊與斯廷森海灘（Stinson Beach）隊，這兩個地區的海灘彼此只隔了一條寬度不到三十公尺的狹長通道。兩座城鎮的交通往來只能靠一號公路（Highway 1），這條公路沿著潟湖的岸邊而建，而潟湖與海洋的連通之處只有一個狹窄缺口。國慶日當天，人們會駕駛拖船在兩座海灘之間拉起一條堅韌的繩索。在多霧的早晨，兩座城鎮的居民展開對決，女子組先上，再輪男子組，努力將對手拉進冰冷的

海水裡。最後由人數實力相對堅強的波利納斯隊贏得勝利（歷年來大多如此），不久後就輪到遊行了。這場遊行儘管以「花車」為主，但當地民眾仍發揮創意，展現有別於一般遊行的元素。其中的隊伍包括迷幻長者（Psychedelic Seniors），一群年過六十、全身穿著紮染服裝的老人；反塑聯盟（Anti-Plastics Coalition），利用廢棄的塑膠瓶與塑膠袋做成花綵當作裝飾品的環保人士；波利納斯土地信託（Bolinas Community Land Trust），在這個快速中產階級化的郡致力維護居住正義的團體；還有米奇·默區與他活蹦亂跳的幾個孩子們，這支最佳隊伍開著牽引機穿梭街道，發放新鮮採收的紅蘿蔔給觀眾。

波利納斯是一個氣候涼爽的農業區，但幾乎所有作物都受伊甸園般的肥沃土壤所滋養，尤其是紅蘿蔔——米奇手中的正是我有生以來吃過最鮮甜美味的紅蘿蔔。番茄應該是非當地盛產的唯一一種作物了，由於波利納斯的海岸每天都會迎來一層薄霧，因此很難栽種這種耐旱作物。儘管如此，我認為米奇種的早熟女孩番茄（Early Girl），比我在英格蘭的十年裡吃過的任何番茄都可口。無論如何，在這個氣候溫和的國度裡，空氣的濕度為許多其他作物提供了理想的生長條件，例如口感脆嫩的花椰菜（母親稱讚那是「我吃過最好吃的花椰菜」）、植株碩大肥美的甜菜、個頭細小的紫色朝鮮薊，以及頭部有如寶石的萵苣。最重要的或許是氣味格外芳香的巴西里、香菜與羅勒——有了這些食材，才能做出令人珍愛有加的醬料：青醬。

義大利青醬

　　義大利青醬──我的朋友們都稱之為「天賜之物」──是本人廚藝的基礎之一。我幾乎每個星期都會做這道醬料。這也大多是別人稱讚我「廚藝了得」的原因，即使他們在說這句話之前，只吃了一口沾滿這種醬料的馬鈴薯。事實上我認為，來家裡作客的朋友們之所以對餐桌上的食物讚不絕口，有很大一部分得歸因於這種稠度適中又芳香四溢的混合物，正因如此，我開晚餐派對時不論端出什麼料理，一向會準備這種醬料。雖然希望不會有這麼一天，但假如我餘生只能吃一種醬料，我會選擇青醬，而不是蛋黃醬（真不敢相信我會這麼說）。由此可見，我對這道調味料的愛有多深。

　　就醬料而言，青醬組合多變，許多美食都可見到它的身影。有些人稱之為阿根廷青醬（Chimichurri），也有人叫它作西西里香草油醋（Salmoriglio）、舒格（Schug）或恰摩拉（Chermoula）等等，但不論名稱或產地是什麼，它們的功用都相似。這種綠色的魔法可以對任何食物發揮作用：魚、雞肉、牛排、羊肉、馬鈴薯、生菜切片、豆類或玉米，或者拌入湯裡、替燉料調味及當成三明治的抹醬。這也是一道可以無限改良的食譜。例如，有時我會把顏色調得很綠，味道弄得很辛辣；有時會多加一些外國產的香料〔例如，在洛杉磯波塔尼卡餐廳工作的好友海瑟·斯波林（Heather Sperling）建議的新鮮咖哩葉與磨碎的薑黃根，就是很棒的調味料〕，或者也可淋一點蜂蜜讓口感更豐潤。掌握了基本的做法後，你可以決定自己最愛的香料與口味，或者每次都嘗試不同的食材。

　　然而，義大利青醬的核心純粹在於香草、蔥蒜類植物、酸味與油脂。只要切碎義大利巴西里、剁碎蒜頭、擠點檸檬汁（與削點果皮）、

加入上等的特級初榨橄欖油，就可簡單做出青醬，或者，你可以採用多種香草，以及／或者加上浸軟的紅蔥頭或切細的青蔥，來凸顯蒜頭的氣味或取而代之。我有時會加入剁碎的鯷魚或酸豆，也幾乎總會加一根辣椒。即使綜合其他香草，我都至少會用一些巴西里當底──我發現這是不可或缺的風味錨點。做這道醬料時，食材的秤取不必力求精準，如果吃完有剩，那是再好不過了，因此不用擔心做得太多（雖然在經驗上，兩束香草與兩瓣蒜頭做六人份的量綽綽有餘）。

首先清洗並晾乾香草。我固定準備的材料是巴西里與香菜，但也時常加入其他如 薄荷、羅勒、黑角蘭等香辛料，或是奧勒岡葉、龍蒿、細香蔥或新鮮咖哩葉，視作物新鮮度與產季而定。拔除莖部的枝葉，香菜除外──莖枝等部分都可以切碎食用。取一、兩瓣蒜頭剁碎。如果你要做額外的醬料，蒜頭的量可按比例多抓一些，但是如母親不斷提醒我的，量可以多，但加了就沒得減了。將蒜末放入一個中型碗裡，加一大撮鹽。如果你有用墨西哥哈拉朋諾辣椒（jalapeño）、賽拉諾辣椒（serrano）或泰式辣椒，記得去籽並剁碎，然後一起倒進碗裡。刨絲器架在碗上，取一顆檸檬削細絲，然後擠汁加入，好讓酸味使蒜頭與辣椒的辛辣變得圓潤一些。將香草堆疊起來，用銳利的刀子剁碎──程度視個人喜好，我傾向適中。如果要配肉排，我偏好不要切得太碎，但一般都會切到中等大小。如果你有用細香蔥，建議另外處理，切成細管狀口感才好。

切碎的香草加到蒜末裡，倒幾大口特級初榨橄欖油，這同時具有黏著與防腐的作用，可以防止香草末氧化變黃。將所有材料攪拌均勻。醬料不應太過濃稠，因此務必加入夠多的油。此外也可能需要多擠些檸檬汁。酸味應該要比油味來得重，整體偏向清新的香草氣味，如果要用來搭配羊腿或牛排等油脂肥厚的肉類，更應該如此。如果我有用切絲的青

蔥或切丁的紅蔥頭，會在一開始就將它們拌入蒜末中，擠些檸檬汁並倒入一口白酒或香檳醋浸軟。加了油之後，記得嘗嘗味道並調整佐料，加的鹽要夠多，才能帶出香草味與酸味。這道食譜很彈性，所以即使你一開始下的份量不對，也不用擔心。如果你跟我一樣常做，一定能夠調出符合自己口味的青醬。

23

煮不軟的豆子

　　任何看到這裡的讀者、或任何熟悉我母親公眾形象的人應該都不意外，她固執獨斷，對某些烹飪原則的堅持瀕臨宗教般的狂熱。其中一個問題——如果可以這麼說的話——不出所料地與**有機**相關。大致說來，我認為她不斷質問蔬菜店老闆、超市經理、替架上萵苣補貨的年輕店員或端上一盤看起來疑似過季的蘆筍的餐廳服務生，是一件好事。她大多時候會問這些人食物的來源是何處，但有時會出現兩種情況，一種是她與對方的互動讓身為女兒的我在一旁尷尬到無地自容，另一種是她的問話毫無重點可言。關於前者，我可以舉出無數個例子（她百般挑剔地審問我光顧過的每一家雜貨店，有時甚至讓我覺得沒臉再去消費了），後者的一個例子則發生在我們家到墨西哥瓦哈卡（Oaxaca）過聖誕節的期間。

　　瓦哈卡是一座市集城鎮。每走幾步就能看到販賣點心或食材的攤商，鎮上與外圍區域有著許多充滿驚奇的有棚與露天食物市

集。然而，母親一如本性地堅持在整個瓦哈卡市尋找唯一一座自稱完全「有機」的市集（它的存在無疑是因為我們這些歐美來的死觀光客）。在這種立意良善的市場裡，她買了一包黑豆，打算聖誕節煮來吃。我相當確定在瓦哈卡州、甚至是全墨西哥，除了

我母親之外，沒有人會專程到有機商店買**豆子**。當地幾乎隨處都有賣上百種豆子，不論是裝在竹籃、木桶，或像閃閃發光的寶石陳列在盤架上。我不得不佩服母親堅守原則的決心，但我們一開始煮這些有機的豆子（事先**有**泡水十二個小時），立刻就明白，它們應該在雷根總統還在位時就已包裝成袋，而且放了很長一段時間。我們一再烹煮那些豆子，但它們就是軟不了、也沒什麼味道，儘管我們在鍋裡放了一整叢土荊芥，試著讓豆子入味。無論如何，我們還是吃了那些半生不熟、沒什麼味道的豆子，以及一盤香煎雞肉配溫熱的玉米餅，但重點顯而易見：那間有機商店**不是**在瓦哈卡尋找上等豆類食材的好地方。

　　然而，在母親無可避免地屈服於市場裡賣相最好的商品之前（不論栽種方式為何），她在採買時總是令人欣賞地遵循自身的堅定信念。在瓦哈卡這樣的城市，地方農產想必大多都未經過工業化且規模不大，對於有機豆類的追尋，淋漓盡致地展現了她不容動搖的意識形態。這樣的堅持當然與實用性無關，但她向來也不怎麼注重實用性。她不在乎這種做法是否會徒勞無功──重點是有用心尋找。她非常重視「透過消費表達訴求」的想法，這也是為什麼她即使回到市集種類五花八門的加州，依舊堅持在柏克萊有機雜貨店（Berkeley Natural Grocery Company）等小商家採買大部分的食物。原因不在於那裡販售的鮮食品質比較好（絕對不是如此；我與母親不斷爭論這一點），而是店家堅持供應百分之百有機的農作物，其他市場則是有機與傳統耕種的農產都有，

而她認為應該要抵制這種做法。當然了，她之所以能忍受從「柏克萊雜貨店」（我們家都這麼叫這家店）買來的菊苣有凍傷，只是因為她使用的大部分農產品都出自農夫市集——這無疑是最佳來源——或「帕尼絲之家的採購」（廚師們會在一天結束時將餐廳淘汰的任何食材放進她的竹籃裡，這些東西夠做一人份的豐盛晚餐了）。雖然如此，她對食物的有機與否完全沒有妥協餘地——如果我不小心逛進了全食超市（Whole Foods）*，回家後我就會把購物袋藏起來。

簡單烹調的黑豆

　　取數杯黑豆用大量冷水浸泡一晚。如果豆子很小顆，可以省略這個步驟，但黑豆或扁豆浸泡過後會比較容易消化，煮起來口感也會比較一致。瀝乾水分後徹底洗淨，挑除明顯破裂的豆子。將黑豆移至大鍋內，倒入大量乾淨用水，煮至滾沸。水滾後轉小火，加入一大口特級初榨橄欖油、四分之一顆洋蔥、幾瓣去皮蒜頭、切碎的去皮紅蘿蔔、四分之一根芹菜、適量香菜枝、一片月桂葉、茴香、香菜與孜然籽各一撮，以及香菜末、孜然粉與煙燻辣味紅椒粉各一茶匙。（你也可以省略以上所有香料，只加大量鹽巴調味，但使用的香料越多，黑豆的味道會越有層次。）任何其他種類的辣椒，不論乾燥或新鮮，只要你手邊有都可以加（墨西哥辣椒與阿波辣椒特別適合，新鮮的哈拉朋諾辣椒也不錯）。如果你有土荊芥葉與／或酪梨葉也可加入，這些傳統的墨西哥豆類調味料

---

*　美國最大的天然食品與有機食品零售商。

能賦予黑豆美妙的濃郁風味。烹調時視情況多加些水；黑豆在鍋裡拌炒時應保持濕潤與粒粒分明。等到豆子煮了一會兒變得鬆軟後（最久需要三小時，如果是我們在瓦哈卡買到的那種豆子，煮上一天都不夠），拌入一大匙海鹽，試一下味道。黑豆寧可太軟也不要不夠熟，畢竟沒人想吃嚼不爛的豆子（你的胃也不希望這樣）。調度調味，確保豆子夠鹹，看看有哪些比較大片的葉菜或香草還沒煮軟。將黑豆連同湯汁倒入大碗或赤陶燉鍋，如果是要配玉米捲餅，請用漏勺舀取——豆汁雖然美味，但會讓玉米餅變得軟爛。此外，黑豆配烤雞或辣味青醬燉飯也很好吃，或可做成方便又美味的黑豆濃湯（加入適量高湯一起攪碎）。

24

聖誕節

　　聖誕節在我們家從來都不是什麼「大事」，因為我父親是堅信無神論的猶太人，母親則是崇尚大自然的不可知論者。然而，母親從小生長的家庭每到基督誕辰那天，都會擺出掛滿金蔥銀蔥的聖誕樹、準備包裝精美的禮物，營造些許節慶氣氛，因此她也希望多少灌輸我一點這樣的儀式。應該沒有小孩不期待收到禮物，但我特別喜歡到聖誕樹農場挑樹。我們家通常都要到距離聖誕節只剩三天，才去農場挑選所剩無幾的聖誕樹（有時甚至拖到聖誕夜才去荒涼的農場摸黑採買），在這個活動上，我們家的拖延症無可救藥，而且匪夷所思。起初大家會如此態度消極，是因為默默尊重父親否認聖誕節的立場，但這個未能及時買到聖誕樹的傳統，在我十三歲時父母離婚後依舊存在。這通常也意味著，我們買到的聖誕樹要不是農場裡最矮小、最坑坑洞洞的，就是高得嚇人以致乏人問津的。如果買到後者，我們就得懇求農場員工幫忙切掉七到十公分才搬得進家門。有一年聖誕節早上，我們甚

至把聖誕樹抬到牌桌上，清除殘根與泥土。那次的經驗實在有點糟糕。

儘管如此，我們靠裝飾來補足聖誕樹缺少的璀璨。多年來，母親蒐集了許多年代久遠的飾品，包含帶有玻璃串珠、奇形怪狀的星形吊飾，造型宛如彩色鹽水太妃糖拉絲的玻璃掛飾，還有顏

色褪成了浪漫霧銀色的聖誕球。另外還將光澤優雅的杏仁造型玻璃珠用短短的細線串在一起，然後把它們連成一個特長的花圈，每隔九十公分就換個花樣。每一樣東西都是如此歷史悠久與脆弱易碎，以致我們將裝飾物固定在樹枝上時，彼此得互相照看，一個人在上面掛，另一個人在後面確認位置，審慎規劃下一個該掛在哪裡，或者及時接住未繫好而掉落的燈泡。家裡偶爾會有新的裝飾品（某個不識相的朋友送來的禮物），而我在開口問母親要掛哪兒之前，就能從她輕蔑的白眼得到答案了。

　　我們的聖誕樹有「年代」——三〇年代。懷疑的話，看它腳下那塊從經濟大蕭條時代就已存在、破舊不堪但仍十分美麗的「碎布被單」就知道了。至於慶祝活動，我們很少遵循傳統，至少除了修剪聖誕樹與拆禮物之外，就沒有其他儀式了。如今，開禮物的活動簡化許多，畢竟我已經是個二十五歲的大人。我們會坐在幾乎只有聖誕節才會使用的小間起居室裡，簡單交換幾個平實的禮物。

　　近年來，如果我碰巧在家過節，那麼到了聖誕節當天，一切都是如此美好怡人。早上我起床時，母親已在廚房壁爐生起溫暖的炭火。音響大聲播放著巴哈的《b小調彌撒》（Mass in B minor）。空氣劇烈顫動，悠揚的合唱歌聲與令人心神迷醉的樂音交織如繪。隨著歌聲攀上一個又一個高音，廚房瀰漫一股微微的宗教氛圍，感覺磅礴宏偉，甚至有點像走進教堂似的。在遠處那端的餐具櫃上成疊的碗盤後方，高高的矩形窗櫺透出閃爍的冬

日白光，照得常年矗立在角落那只高聳花盆裡的枝葉花草發亮刺眼。我與母親沐浴在這般沁心的景致下，捨不得開口打斷美麗的喧囂，就這樣靜靜地準備起簡單樸實的午餐。

母親會將農場買來的藍雞蛋放在密封袋裡，加入氣味芳郁的義大利黑松露醃上至少數天，讓雞蛋入味。烹煮時，她會輕輕翻炒蛋液——力道恰到好處——並在撒上薄如紙片的松露碎屑後立即端上桌。我看著松露碎片一接觸高溫蛋液便蜷縮凹陷，彷彿表情豐富又歇斯底里的小鬆餅。我們很偶爾會吃從愛爾蘭空運的煙燻鮭魚〔愛爾蘭廚師與備受尊敬的烹飪教育家達琳娜‧艾倫（Darina Allen）寄來的〕，因為那特別美味（沒錯，是風土的關係），也因為家裡有愛爾蘭蘇打麵包，畢竟母親的祖先有至少一半都來自那片孤懸在大西洋上的土地。我們拿出古色古香、杯面刻有精緻帶狀環圈的香檳杯，喝掉半瓶克魯格香檳。時間才早上十點，但這頓飯是一天唯一重要的一餐。這種自然平淡度過聖誕節的方式，漸漸演變成每年平安夜放縱大吃七魚宴（Seven Fish Dinner，將於之後章節詳述）過後擺脫腸胃負擔的解方。

達琳娜‧艾倫的蘇打麵包

我的母親雖然廚藝精湛，但對烘焙一竅不通。麵粉與酵母之間細瑣微妙的化學變化，以及講究比例拿捏的要求，不符合她的個性。不管是什麼基因使她總是烤出燒焦的派與形狀歪斜的麵包，我不幸地全都遺傳到了。儘管我們母女倆的烘焙技能不足，但在聖誕節當天依然會嘗試製

作達琳娜發明的蘇打麵包。這道食譜非常簡單，不需要用到酵母、等待麵糰發酵或任何特殊食材。不過我得承認，我們平均試三次才會有一次成功做出真正美味的版本（我確定這道食譜正確無誤）。有次我下樓時發現，母親將**烤了幾分鐘**的麵包從烤箱裡拿出來，試圖補上她不小心漏加的鹽巴。那次的成品稱不上好吃，但即便麵包凹凸不平還烤了兩次，塗上厚厚一層奶油後仍是人間美味。也就是說，如果一塊麵包能安然無恙地從我們家的烤箱出爐，它就堪稱是最完美的麵包了：充滿家的感覺、讓人吃了還想再吃、簡單樸實，與聖誕節會吃的炒蛋佐煙燻鮭魚更是絕配。（這也是我與母親一致認為，配奶油一起吃比配橄欖油來得美味的食物。）做麵包不會很耗時，頂多一小時就能完成。

　　烤箱預熱至攝氏兩百三十度。取一大碗，倒入中筋麵粉與全麥麵粉各一又四分之三杯，加入小蘇打粉與鹽巴各一茶匙（過篩以免結塊）。用手指翻攪麵粉，均勻分散鹽巴與小蘇打粉。在麵粉中央處挖一個洞，倒入一又三分之二杯白脫牛奶。務必多準備半杯的量，以免需要多加一點才能讓麵糰成形。用手指畫圓攪拌麵粉，慢慢從中心往碗邊移動。等碰到碗邊時，麵糰應該也揉好了。工作檯上撒一層麵粉，將麵糰移過來。雙手各撒一點麵粉，輕輕捏整麵糰的邊緣。將麵糰放到舖有烘焙紙的烤盤上。用手將邊緣塞折在底部，手指輕輕將麵糰拍整成約四公分的厚度。拿一把銳利的長菜刀在麵包上從中央到邊緣深畫兩道十字記號。最後，在四個區域的中心點戳一個小洞，如達琳娜說的，「讓麵包仙子跑出來」。放入預熱的烤箱烤十五分鐘，然後轉到兩百度再烤十五分鐘。取出烤盤，麵包翻面，直接放在烤架上；再烤五到十分鐘（應該會變成金黃色，輕拍底部的聲音聽起來像是中空）。烤好後置於鐵架上放涼。

25
七魚宴

　　我們初次認識安傑洛・加羅這位在舊金山開了文藝復興鍛冶鋪（Renaissance Forge）的西西里鐵匠，肯定是在九〇年代早期。安傑洛不僅僅是一名工匠，更是一位不容小覷的人物。他對探險及在荒野中尋覓任何可鍛造之物的喜好永無止盡。我們跟著他到俄羅斯河谷（Russian River Valley）採橄欖、用鹽醃製橄欖，還有榨橄欖油；摘葡萄、釀葡萄酒，還意外做出了酒醋；在西馬林尋找酒杯蘑菇與牛肝菌的蹤跡；為了做美味的小蛋糕而在開車途中靠邊停，採摘莖葉柔軟如綠色羽毛的茴香葉；到野豬的自然棲地狩獵；觀摩獵人射捕野鴨與野鵝等等。安傑洛的鐵匠鋪名為文藝復興鍛冶鋪，再合適不過了。那個地方不只讓人感覺像走進了米開朗基羅的畫作（轟鳴的敲打聲不絕於耳，到處堆滿或懸掛數百件鍛造用的器具，天花板吊有線工裝飾的鑄鐵半成品，地上散落著一團團像是鋸木屑的金屬碎屑），也是我認識唯一一個被封為「文藝復興人」當之無愧的人真正的家。很難相信，

這間店鋪在他買下時就已經是這個名稱了。前店主名為維吉爾（Virgil）*。這絕對是命中注定的緣分。

雖然安傑洛來自義大利「敘拉古」（Siracusa，他都說那是「地中海的女士」），但他在北美洲待了至少四十年。我聽說他年輕時曾跑到瑞士做鐵工，在多倫多磨練手藝，但沒人知道真相是什麼。他說話時語調輕快、句子跟句子連在一起，還流露義大利沙文主義的神采奕奕——這些特質都使得他說起故事來有種虛實莫測的感覺。總之，我們會認識彼此，最重要的原因是他對烹飪與當東道主的滿腔熱情。任何一個像他這樣熱中招待賓客的人，必定都會努力迎合我的母親。對她而言，安傑洛的義大利血統是如此顯而易見，像氣味濃烈的古龍水般讓人難以忽略，宛如誘人的費洛蒙。畢竟，這段時期是她數十年來從法式料理轉而投奔義式料理懷抱的開端。

我們家與安傑洛的結識過程非常平凡，一切從他鍛造的鐵製燭台出現在我們家的餐廳開始（那是鮑伯送的禮物），這些器具偶爾會用來裝鮑伯釀的濃烈格拉巴酒，後來成為如今遠近馳名的愛莉絲蛋勺的原型——母親在一本壁爐料理書中看到中世紀晚期法國的一種烹飪用具後，便委託他鑄造。過沒多久，我們家原本平淡無奇的猶太新教聖誕節，變成了熱鬧豐盛的七魚宴。

之前我一直以為平安夜吃的七魚宴是西西里人才有的傳統，

---

* 與古羅馬詩人同名。

因為那座島嶼與海洋的地緣關係跟它與天主教教義的連結一樣密不可分。然而，我從逐漸認識到，聖誕夜吃海鮮是義大利普遍存在的習俗，據說起源於古代羅馬天主教會禁止人民在齋戒日當晚吃肉的諭令。由於到了這種節日不能吃肉或動物油脂，天主教徒便鑽漏洞改吃魚肉來滿足口腹之欲。於是，七魚宴誕生了。對我來說，吃魚沒有什麼禁忌，尤其我又不像過去的猶太人那樣得擔心食物是否符合猶太教教規。這些大餐可見各式各樣碩大肥美的貝類、淡菜、牡蠣與蛤蜊，與其說是迎接聖誕節的虔誠序曲，倒不如說是路易十四夢寐以求的奢華饗宴（如果他是義大利人的話）。

我們家的七魚宴也不例外。事實上，**七**這個數字是個概略的象徵，不是真的限制。晚餐將近時，我們通常會準備十三、四道魚肉料理，這樣的盛宴既帶來了酒足飯飽的歡暢愉悅，又讓人在一覺醒來後因為大肆消耗海洋生態而深感愧疚。我們第一次與安傑洛及他的賓客們共進如此豐盛佳餚，是在他的鍛冶鋪。店鋪坐落於舊金山某區一條小巷的盡頭，多年來沒有太大變化：位處蘇瑪區（**South of Market**），一個這些年來有效抵擋了中產階級化浪潮的邊陲區域。每次走進那條昏暗的巷子總讓人感覺毛骨悚然，與隨後進入的溫暖空間形成強烈對比。我們脫去大衣，順著安傑洛的熱情招呼往店鋪的中心區域走去，當然也立刻被指派了一些料理工事。這天晚上，擺滿油亮金屬的室內點了燭光，那堆滿錫鐵、濃濃的潤滑油氣味，與室外一大座烤爐冉冉升起的炊煙

交融在一塊兒，營造出一種流動的醇郁氛圍，而不是一種香氣。
義大利作曲家普契尼（Giacomo Puccini）創作的綺麗旋律，從金
屬堆底下的一台音響悠悠傳了出來，我的母親點燃幾支迷迭香薰
了薰屋內四周，為濃厚馥郁的氣味增添另一個基調。

　　最後大家會坐在一張彎彎曲曲、幾乎貫穿整間店鋪的長桌前用餐，但我們一開始總會聚集在廚房裡。安傑洛的廚房與室內的庭院相通；有一片寬大的斜坡可通往另一邊的工作區，而那扇門向來半開半掩。我們所站的位置一半在室內、一半在戶外，兩個區域基本上沒有明確的分界。以前我曾好奇過，為什麼舊金山的流浪貓不知道要來這兒棲息，尤其這裡的天花板椽架還掛了滿滿的義大利臘腸。（可能牠們不喜歡茴香味的野豬香腸吧！）安傑洛不是嬌生慣養的廚師：他跟我母親一樣，喜歡直接用手抓取、調味或攪拌食材，不管處理時會不會沾染血腥味、被高溫燙到或難以洗淨。那一雙手跟著他日夜操勞，細紋滿布，看來飽經風霜。他是我看過唯一一個敢徒手剝除鰻魚皮的人。

　　七魚宴一向由牡蠣揭開序幕——如果沒有預算上與食物中毒的考量，牡蠣是所有美味饗宴的理想開端。菜色有時是生熟牡蠣雙拼，有時是份量澎湃的生鮮蛤蜊。另外還有塗上生蒜泥與橄欖油的鰻魚吐司，以及數大匙聖塔芭芭拉出產的海膽。大家圍著火爐，在寒冷的冬季夜光與城市裡飽受光害而近似透明的昏暗天色下大啖上等的海鮮料理。

　　細細品嘗開胃小菜的熱潮會蔓延到餐桌上，每個人搶著坐定位置，一入座就傳遞起一盤盤堆積如山的鹽漬鱈魚或鮮蝦。我最愛的其中一道是母親做的蛤蜊湯，味道辛辣、湯色清澈又香氣逼人，這樣簡單的料理足以讓人做好享受接下來五道菜的準備，要知道，安傑洛的兩道家常菜紅酒燴章魚與糖醋鰻魚已在桌邊

等候。這兩道菜的食材都來自中國城，不是向母親常光顧的魚販買的（這讓她懊惱不已），滋味當然也沒有安傑洛年輕時吃到的那樣好。每年我都向海神祈禱，祈求鰻魚產量稀缺，但他幾乎充耳不聞。在安傑洛匆匆料理而成的沙丁魚義大利麵上桌後與母親的炙燒黑鱸上菜前，有一段備受歡迎的休息時間。平安夜晚宴的其中一位常客是搖滾歌手波茲・史蓋茲（Boz Scaggs），他經營的夜店斯林姆斯（Slim's）就在巷子對面，從鍛冶鋪穿過一座空蕩蕩的停車場就到了。每年聖誕夜，斯林姆斯夜店都會舉辦奧克蘭跨信仰唱詩班（Oakland Interfaith Gospel Choir），這個活動從波茲在一九八八年發起以來，逐漸成為灣區的一項傳統。受斯林姆斯之邀，全身散發濃濃魚味的我們得以偷偷溜進去及時趕上表演，然後在他們唱完時又偷偷溜出來。這種歡欣雀躍的福音表演，是我在小時候與教堂最接近的一項活動，而且這座「教堂」還有賣酒──可想而知我們家有多虔誠。

　　我們匆匆穿越停車場，鑽過鐵絲網籬笆被人凹折出一個三角形的小洞，回到鍛冶鋪時氣喘吁吁、滿臉脹紅。聽了一、兩個小時的福音，我們的胃消化了一些，**正好**可以吃下一道菜。隨著庭院的爐火逐漸變小，安傑洛或我母親（那年負責準備全魚料理的人）會提早離開夜店回來烤魚。那條魚被綁上好幾叢多葉的檸檬樹枝、月桂枝與綠茴香莖，身體幾乎被葉鞘給淹沒。綠色枝葉開始燒焦之際，香氣漸漸流洩到整間店鋪，聞起來就像獻給眾神的祭品。

　　大約五年多前，經過母親的一番爭取，平安夜晚宴終於移師我們位於東灣（East Bay）的住家舉辦。不管母親的動機為何，希望掌控料理的品質也好，想免去舟車勞頓的不便也好，但我得說，在精心準備菜餚、放縱享受美食與處理完至少七道不同的魚肉料理的廚餘之後，那髒汙與氣味都極致地令人難以忍受。就在你以為廚房的每一吋角落都擦得乾乾淨淨之際，還是會在**某個地方**發現蝦子的湯汁、章魚的分泌物或珍寶蟹（Dungeness crab）的碎殼，而且那股臭味會持續好幾天、甚至幾個星期都不散，就像是剛過不久的聖誕節的某種幽靈。儘管我過度靈敏的鼻子對這些魚腥味濃重的殘骸非常感冒（母親也得忍受我抱怨個好幾天），聖誕夜大餐依然是一年當中我最愛的時刻之一。

　　菜色與場地物換星移，但某些料理依舊不變：滿滿一大盤已夾碎與撒滿巴西里的珍寶蟹、佩姬・尼克柏克（Peggy Knickerbocker）做的鹽漬鱈魚與馬鈴薯沙拉；安傑洛的蒜味鮮蝦、紅酒燴章魚、手工揉製的法羅麥義大利麵佐沙丁魚；母親煮的蛤蜊湯，還有壓軸登場、裹滿葉草的炙燒全魚。其中有些料理的做法比其他來得簡單，有些則是我寧願一年在聖誕節做一次就好。以下列出我最喜歡的幾道菜的做法。

安傑洛的野茴香蛋糕

　　這些美味的小蛋糕和魚肉沒有任何關係，但它們是安傑洛廚藝的代表作品，因此我無法想像家族好友的重要聚會裡沒有這道料理，或者描述安傑洛的故事時略過這道食譜不提。我與好友葛瑞塔（Greta）有時都說這些蛋糕是安傑洛的漏斗蛋糕（funnel cake）*──它們好吃到很難被誤以為對健康有益。如果想做這種蛋糕，你得先到路邊或小徑四周尋找細細長長、葉子如羽毛般的野生茴香。如果你不知道如何辨認，可向當地的植物專家（或Google）求助，但其實你只要揉一揉它的綠葉，若是有聞到一股甜甜的茴芹香氣就對了。茴香要趁新鮮、莖葉軟嫩與色澤翠綠時採摘，而這種時節一般是在春天而非冬天。如果你在農夫市集有看到體積迷你、嫩葉還在的茴香球莖，也可以買來當作材料。

　　茴香的葉片與莖部切細碎，取滿四杯的量，用鹽水浸泡數分鐘後瀝乾。將茴香、一杯麵包屑、五瓣切細末的蒜頭與兩杯帕瑪森起士粉倒入大碗，均勻混合。加入兩顆蛋、現磨黑胡椒粒與一大撮紅椒片，用雙手拌勻。拿一根大圓匙，將拌好的茴香糊塑型成一個個約兩公分厚的小蛋糕──茴香糊必須夠濕才容易塑型，但也不能太濕，以免軟塌解體。中等大小的鑄鐵平底鍋內倒入一杯植物油混幾大匙橄欖油，放入蛋糕慢慢煎至兩面焦黃（一面需數分鐘）。取出放在廚房紙巾上吸油。撒上鹽巴，即可趁熱享用這道開胃菜。

---

*　美國市集上常見的一種高油、高糖、高熱量的點心。

蒜味鮮蝦

　　七魚宴不適合膽小者，也不適合那些不知道如何將蛤蜊殼肉分離、吸食牡蠣或剝殼取出鮮甜蝦肉的人。唯有勇敢的食客才配享受這道料理（但讓蝦殼保持完好的煮法確實會讓滋味豐富許多，所以在桌上麻煩一點是值得的）。盡量買有機養殖的蝦（因為近年來很難找到「乾淨」的蝦子了），預算抓一人四隻蝦，所以八人份的量大約需要九百克的全蝦，視蝦子的大小而定。我偏好體型中等的蝦子，而在加州，我們吃的蝦子都產自聖塔芭芭拉或墨西哥灣。用冷水將蝦子洗乾淨，靜置備用。

　　十六瓣蒜頭（約一球半或兩球）切薄片，五公分長的乾紅辣椒大致切碎。（你也可以使用乾紅辣椒片或鳥眼辣椒；只是它們辣度都不同，份量要抓好。）兩顆檸檬切薄片與一把巴西里葉切碎備用。大型寬炒鍋倒入幾大口特級初榨橄欖油，加入辣椒、蒜片與兩片月桂葉煎炒。趁大蒜炒香但還未變色時，加入蝦子與適量乾白葡萄酒，轉中大火充分拌炒，直到蝦殼變紅與熟透（約六分鐘，端看鍋子有多熱）。最後加入檸檬片與巴西里葉、一大撮鹽與適量黑胡椒粒並拌勻。用大碗盛裝，方便大家在餐桌上傳遞。

佩姬的鹽漬鱈魚

　　佩姬・尼克柏克每次出席七魚宴，都會帶來這道事先備好的美味料理。她稱這道菜是「北灘鹽漬鱈魚」，向自己在北灘（North Beach）最崇拜的廚師之一喬・德爾加多（Joe Delgado）致敬，並將這道食譜納入二○○七年出版的精采著作《橄欖油：產地直送》（*Olive Oil: From Tree to Table*）中。這道料理的靈感來自於她在格拉納達（Granada）

一間餐廳吃到的沙拉，但她的做法省略了柳橙與番茄，因應聖誕夜大餐的傳統，改用溫熱的馬鈴薯、洋蔥與巴西里。

　　如果要做四到六人份的量，需要準備四百五十克去皮去骨的鹽漬鱈魚，大多數的義大利與希臘專賣店都買得到。取一個大碗裝冷水放入鱈魚，冷藏二十四小時，至少每四小時換水一次。之後瀝乾水分，將鱈魚放在大平底深鍋內，加水淹過食材。開火煮至滾沸後，轉中小火慢煨，直到魚肉變得軟嫩、用小刀可輕易刺穿（約十到十五分鐘）；魚肉若煮

過頭會太硬。使用漏勺取出鱈魚，湯汁除外。鱈魚放涼後，用手直接拿取放到大碗裡，挑出殘留的骨頭或魚皮。鍋裡的湯汁繼續煮至滾沸，放入四百五十克去皮切塊的褐皮馬鈴薯。等十到十五分鐘馬鈴薯煮軟後，瀝乾水分倒到剛才放鱈魚的碗裡。加入一、兩束切碎的義大利巴西里葉（約兩杯的量）、一顆切薄片的紅洋蔥、現磨黑胡椒粒與幾大口特級初榨橄欖油。攪拌均勻後趁熱享用（這道沙拉可冷藏保存最多三天）。

母親的辣味蛤蜊湯

　　這是我知道的湯品中做法最簡單的其中之一，食材幾乎只需要準備蛤蜊、一些香料與水，但它非常適合作為一頓豐盛大餐的開胃湯，或者在大魚大肉的隔天用來解膩。一人份的量約需十顆尺寸偏小（如海瓜子）或八顆中等大小（如小圓蛤）的蛤蜊，因此八人份要準備約一千四百克（這道湯品的食材量可以輕易根據人數而增加或減少）的蛤蜊。蛤蜊以冷水徹底搓洗後備用。製作調味蔬菜（多種蔬菜切成大小一致的細丁混合而成，是許多法式、義式與西班牙料理的基底），取一大顆白洋蔥、一大根去皮紅蘿蔔與幾根芹菜切丁，另外再加一大球茴香，也同樣切丁。一小撮巴西里切細碎，十辦蒜頭切片。在寬口大平底鍋內倒入幾大口特級初榨橄欖油，倒入剛才切好的蔬菜丁（蒜頭與巴西里除外），以及幾株百里香、一、兩片月桂葉、一茶匙茴香籽、一大撮番紅花與幾大撮紅椒粉或切碎的鳥眼辣椒。開中小火將蔬菜慢慢煮軟，必要的話多加點橄欖油，讓蔬菜丁濕潤些。待洋蔥呈透明狀，加入蒜片與巴西里煮出香氣，這時也可加入幾顆去皮醃漬蕃茄（用手捏碎）。倒入三杯水與一杯白酒，煮滾後轉小火，將蔬菜熬得更加鮮甜濃郁，因為蛤蜊只會煮一下子，所以必須確保湯汁美味可口。加入蛤蜊（如果量太多而顯得

水分不夠，再到一些水或白酒），鍋子加蓋，煮約五分鐘或直到蛤蜊開殼。月桂葉、百里香及任何未開殼的蛤蜊取出丟棄。舀取蔬菜丁、蛤蜊與湯汁分裝到碗裡，加上一點新鮮的橄欖油與碎巴西里葉裝飾，就大功告成了。

巴西里檸檬風味珍寶蟹

　　看到這裡，你可能發現有些調味組合稍嫌多餘，但老實說，料理甲殼類海鮮，很少有比使用巴西里、大蒜與檸檬調味更美味的方法了。如果你剛好生活在可以捕撈到珍寶蟹的地區，簡單煮熟就是最好的烹調方式。牠們肉質鮮甜，幾乎不需要額外調味。其他肥美、白肉品種的螃蟹用這種方式料理也很好吃。首先將生的螃蟹放入一鍋滾燙的鹽水裡煮熟，一人份抓三分之一到半隻螃蟹的量，視螃蟹大小而定。（如果你對「活體」這件事感到害怕，可以請魚販先處理好螃蟹，但當天就必須下鍋料理。）螃蟹下鍋後鹽水再次滾沸時，轉成小火慢燉。六百八十克到九百克的螃蟹煮十五分鐘，若是螃蟹份量有一千四百克，得煮上快二十分鐘。撈起煮好的螃蟹並以冷水沖洗，置於室溫下冷卻。

　　等螃蟹涼了，就來清理內臟。將螃蟹翻到背面，剝除一般稱作圍裙的三角形鰓蓋。接著蟹身立直，剝掉外殼並丟掉。內臟／肺部與下顎也照樣處理。螃蟹身上會有一些軟爛的黏糊（小時候我以為那是「蟹腦」），所以要用冷水清洗乾淨。拿一把銳利的大刀將每隻螃蟹從中間剖半，如果體積稍大，再切成四分之一塊。用棒槌大致敲碎蟹腳。將蟹塊放入一個大金屬碗裡。

　　螃蟹就緒後，將一球蒜瓣切成薄片（蒜瓣數量可調整）。煎鍋裡倒入一大口特級初榨橄欖油，加入蒜片，炒到香氣溢出、微呈金黃色，注

意不要燒焦了。鍋子離火，倒入螃蟹。加幾撮大致切碎的巴西里與一、兩顆檸檬擠汁（如果買得到的話，最好用梅爾檸檬）。加幾大撮鹽巴與現磨胡椒粒調味，必要的話再加點橄欖油。用大淺盤盛裝，等放涼後再上桌（這也是一道需要用手取食的菜）。這道料理的好處之一是可以提前製作，如此一來你在準備另外六到十道菜時就可以少煩惱一道了！我們家吃螃蟹時總會準備一大碗蒜味蛋黃醬（見第81頁）——這種萬用調味料配螃蟹特別可口。

26
謎一般的珍奇寶物

　　爸媽很少帶我去滑雪。即便內華達山脈（Sierra Nevada）離灣區只有一步之遙，但他們兩人並不特別愛好寒冷的天氣或雪地運動。大多數的滑雪季節來了又走，而華特斯與辛格家族沒有任何人走訪山林。我母親對雪有史可考的厭惡，再加上不怎麼運動的習慣（這點到了五十歲時有所改變），使我父親幫她取了一個諷刺的綽號：愛莉絲·「尚—克勞德·基利」·華特斯（Alice "Jean-Claude Killy" Waters）——這位六〇年代的法國冬季運動好手在奧運的高山滑雪項目中拿過三次獎牌。

　　不論是否耳濡目染了父母對滑雪的興趣缺缺（他們兒時各自在加州以外邊遠地區的凜冽寒冬裡逐漸養成了這種習慣），我自己也不是冬季運動迷。事實上，我甚至不喜歡雪，即使下雪對舊金山市民而言是一件稀奇的事。下雪時，我從來不會興奮地衝到戶外捏做雪人或打雪仗。從事這些活動得忍受**低溫**，而且滑雪裝備穿了讓人**非常**不舒服，尤其是滑雪靴！它們總是尺寸過小，會

緊緊束住你的小腿、壓迫脛骨，還有著前一位滑雪客的腳臭味。

　　因此，在全家一起登山賞雪的少數幾次旅行中，我們當然都待在室內，而且大部分的時間都在做菜。（我們一抵達雪線，母親便開始苦惱於沒有看到任何可食用的植物，不斷四處查看。我想，她會討厭滑雪，至少有一個原因是得踏上一個完全不利於糧食生長的地方。）一些人說，滑雪最值得的一點就是結束後的社交活動；我們家則這一整趟的旅行都當作這種活動，或者更準確來說，是從頭到尾打死都不滑雪。我想不透我們一家到底為什麼願意大老遠開四個小時的車前往一個地方，輪胎在絕大部分的車程中還得綁上笨重的雪鍊，但到了之後卻大半時間都待在室內，但某次我在整理母親的皮包時發現了一樣東西，進而清晰地想起了其中一趟旅行。

　　那次我們下榻一位家族朋友在滑雪勝地特溫哈特（Twain Harte）的小木屋，成天窩在室內（不只因為我們都討厭冰天雪地，也因為外頭大雪紛飛）。我記得自己當時七歲，也只有在這種年紀，才會玩媽媽的包包一整個下午還玩不膩。為了打發時間，我決定動手清理母親向來雜亂的手提包。她並不是一個邋遢的人：總把家裡打掃得整潔乾淨；喜歡事物井然有序；很少將髒盤子放在水槽裡超過幾小時。但是，如果你看過她的皮包，肯定會大大改觀。有段時間我一度害怕她在開車時要我幫忙找皮包裡的某樣東西——那樣東西通常是她常戴的玫瑰色墨鏡。若要完成這項任務，我必須手伸進黑壓壓的皮包裡、摸找某個陌生且詭異

的有機物品（但肯定沒有經過美國農業部的認證）。母親的皮包裡總散落著一堆表面泛黃、邊邊角角因為沒包保護套而磨損的名片。想當然爾，角落裡也藏有各種皺成一團的發票，彷彿被人仔細掃到旁邊丟棄的一堆樹葉。內襯的布料上似乎還黏了一層像沙子一樣的粒狀物與沒蓋上蓋子而斷落的深酒紅色唇膏（母親在九〇年代常擦的唇色）所混合而成的物質。那砂礫般的物體**有可能**是鹽巴——母親有時旅行會帶上一個小小裝滿調味料的蠟紙信封，以備突如其來的野餐與／或調味之用，但由於我是盲目地在深不見底的皮包裡摸索墨鏡，也說不準那究竟是不是鹽巴。

　　無論如何，在一個雪花飄零的午後，我將皮包裡的東西全倒在餐桌上，開始整理其中的貴重物品與垃圾。我把發票整齊堆成一疊，將別人給的名片與母親自己的名片分門別類，將口紅蓋好，抽出這裡塞一張、那裡也塞一張的皺巴巴鈔票並用手掌壓平，還在零錢袋裡找到了幾塊法朗與里拉硬幣。依照七歲兒童的邏輯系統（也就是根據顏色排列，而不是功能）整理好各種信用卡與證件後，我在側袋的最邊邊發現了一小塊乾枯皺縮的深棕色物體。我將它從夾層抽了出來，立刻拿近鼻子嗅聞，就像任何一個孩子都會有的舉動那樣。一開始聞到的當然是粉塵、還有一點皮革的味道，但後調是魚味，絕對錯不了。我又用力吸了一口氣，沒錯，不管這個軟韌發皺的小東西是什麼，它一定來自海洋。我拿著證據轉頭對坐在沙發上看書的母親說，「媽，你的皮包裡有魚！」

一開始她心不在焉、語氣平淡地回應，「蛤？不可能。」

她的目光仍停留在雜誌上，於是我走過去攤開手掌，「你看，乾掉的魚。」

她瞥了一眼（我看得出來，她還是沒把這當一回事），「我不知道那是什麼，但我確定這不是什麼重要的東西。」

「媽，你聞聞看。我覺得這是烏賊。」

「烏賊？」她傾身向前聞了聞。

沉默幾秒鐘後，一波印象的巨浪（更像是一陣海嘯）醞釀成形，就要席捲她的腦海。

「我的天啊！芬，你說的對！這是一塊章魚！！！」

原來，（**整整**）一年前我的父母曾到日本旅遊，那是一九八九年秋天，他們有好幾次都把自己逼到了美食經驗的極限。回國後，他們向我描述享受新鮮美味、有小片花朵與一些抹茶鹽等調味料點綴的生魚片的許多故事，但我也對魚的卵蛋、眼球和骨頭的滋味感到好奇不已。當時六歲的我非常著迷於這些故事，尤其是因為這些經歷呼應了母親在一九八二年與江孫芸（Cecilia Chiang）*到中國旅遊一個月的所見所聞，那段期間她吃了各種奇珍異獸，從蛇血到龜湯都有，更別說是花雕酒與麻辣鍋了。那時她肚子裡還懷有五個月大的我。

---

*　在美國被譽為「中餐女王」的餐飲業人士。

　　然而，爸媽忘了提到日本行的一段故事，就是他們在知名建築設計師倉俣史朗（Shiro Kuramata）所打造的一間超級高檔的日式餐廳吃到了一塊韌如橡皮的的生章魚。父親宣稱，在那樣令人敬畏的空間裡，人類（更不用說是美國人了）的出現似乎擾亂了一切的秩序。餐點陸續上桌。那間餐廳沒有菜單。事實上，席間幾乎沒有任何口頭交流。據母親的印象所及，那位主廚就站在桌邊，近到她都能聽見他的呼吸聲了。章魚料理上菜時，他們想逃也逃不了，因為主廚兩眼直盯著他們。那隻章魚新鮮得彷彿身體還在扭動似的，沒有加任何醬汁與配菜，就這樣躺在沙色的盤子上，宛如一位裸體主義者大喇喇地在公共海灘上做日光浴。

　　他們夾起章魚，放進嘴裡嚼了又嚼、嚼了又嚼。說話向來不誇張的父親表示，他記得他們嚼了快十五分鐘還嚼不爛。最後他放棄，直接把那塊章魚吞下肚，差點窒息地讚美了幾句，直到喝下一大口清酒才感覺食道稍微舒服一點。接著輪到母親，這下子主廚的注意力全在她、還有那一塊口感有如橡膠般堅韌的食物上，讓她不由得驚慌了起來。她好幾次試圖整塊吞下去，但身體不斷抗拒。她忍不住嘔了幾口，但盡可能不發出聲音與不讓場面變得尷尬。終於，感謝老天憐憫，她有了喘息的機會：另一組客人走進餐廳，那位主廚抬頭看了一眼。母親趁機將那塊嚼不爛的章魚塞到皮包裡。一年後——這段期間她在東京吃了好幾頓飯、多次進出日本旅遊與通過美國海關，日復一日地使用同一個皮包——的某天我發現，那一小塊章魚即使被棄置在手提包的深處，

依然堅韌不屈。

我很想說這次的事件是個例外，說母親之前從來不曾在餐廳吃飯時把食物藏到包包裡，但要是這麼說就是在說謊，也會引起任何一個地位崇高的主廚的質疑與爭辯。試想，如果你看到自己沒點的菜一盤接著一盤上桌（這在我們家被稱為主廚的酷刑），除了把食物塞到包包裡，還會怎麼做？或者更慘的是，端上桌的是餐廳主廚「新推出、免費招待的料理」，譬如——我們真的吃過——幾近全生的乳鴿撒上爆米花後以火炙燒（實際上焦成了碎片），再配上韭蔥——我相當確定那醬汁就是乳鴿的血。

隨著一道道菜餚上桌，萬一你感覺痛風即將發作、越來越沒胃口，有許多應對的方法，例如最常見的「翻攪盤裡的食物」，稍微進階的「麵包挖一個洞，將食物塞到裡面」，以及對付體積較大、較顯眼的食物的終極手段——「用餐巾包起來，趁上廁所時丟掉」等都管用。然而，我母親認為最可靠的方法是「放進皮包裡」。對一個從一開始就把手提包當作垃圾桶的人來說，偶爾把菜餚丟到包包裡，不是什麼大不了的事情。她很偶爾會在包包裡放一個塑膠袋，提前為一些廚師的酷刑做好準備。但是，這種情形少之又少，也因此才會發生諸如「神祕的珍奇寶物」的這種事件。

炭烤魷魚佐柚子鹽

　　剛說完一個有關難吃章魚的故事就接著介紹一道魷魚食譜，似乎顯得有點神經錯亂，但魷魚真的是人生的一大美食，也是我有記憶以來始終長踞帕尼絲之家菜單的食材。這道菜好吃的關鍵，無疑是活跳跳的魷魚──我通常會買小隻的，而且喜歡吃細長的下肢勝過管狀的身體（這個部分儘管小心烹煮，還是會有點難嚼）。

　　烏賊最好用烤爐或柴燒爐烘烤。頭足類動物——章魚、魷魚、墨魚——含有非常豐富的蛋白質與少量的脂肪，這表示它們在烹調時很快就會變硬，因此我喜歡火烤，這樣才能吃到外脆內嫩的魷魚。（另一個讓魷魚變嫩的方法是烹調至少半小時以上，但煮出來會跟用燉的一樣軟爛。）我知道不一定每個人家裡都有烤爐，所以在這裡也列出使用烤箱的做法。

　　不論採用哪一種方式，首先都必須清除魷魚的內臟（除非魚販已經幫你處理好了，雖然魷魚這種食材在煮之前再處理，嘗起來的味道最新鮮）。如果要做四人份的量，取四百五十克重的魷魚並剪掉觸角，盡可能修剪到靠近眼睛的地方。在此同時，輕輕擠壓魷魚的頭部，讓牠的嘴巴（又作龍珠）凸出來。將魷魚平放在桌上，利用削皮刀的鈍端從尾巴刮到頭部，把魷魚的腸子和羽毛管——一種形似羽毛、像骨頭一樣的半透明結構——推出來。如果羽毛管還在體內時就斷了，最簡單的解決辦法是尾巴剪掉一小截，把羽毛管從那裡擠出來。不需要剝除外皮，且盡量避免清洗魷魚，否則牠會吸收過多水分。

　　將清空內臟的魷魚裹上橄欖油，加一小撮鹽、些許現磨黑胡椒粒與一撮辣椒粉。火烤的話，身體與觸角要分別串起來烤。拿烤肉叉從每隻魷魚的開口穿過去，以利平放。串起每根觸角時，叉子要穿過最厚的部位。以炙熱的炭火烘烤肉串，隔一段時間就轉動一下，兩面才能烤得酥脆。如果是小隻的魷魚，烤幾分鐘就熟了，如果比較大隻，會需要多烤一下。烤好後離火，撒上柚子鹽並擠點果汁，或加上些許海鹽與梅爾檸檬的果皮絲。

　　若使用烤箱烹調，需要先預熱至約攝氏兩百五十度（幾乎是最高溫），烤架放在最上層那一格。魷魚按照上述步驟完成調味後，平均分散在一至兩個烤盤上，注意不要讓魷魚擠在一塊兒。烘烤五到十分鐘，

視魷魚的大小而定。當身體的部分膨脹並開始捲曲，就表示熟了。

　　這是料理魷魚最簡單的方法，但如果你能買到夏末盛產的新鮮殼豆（類似小紅莓的豆子或還未脫莢的黑眼豆），燉得溫熱的豆子配上炭烤或烘烤後的魷魚是人間美味，再淋上一點蛋黃醬滋味更佳。同樣地，魷魚也很搭簡單的芝麻菜番茄沙拉，或是切成小塊，跟煮好的義大利麵加上橄欖油、大蒜、巴西里與麵包丁一起享用。我在帕尼絲之家最愛的一道披薩就是用辣味番茄醬、魷魚、小酸豆、蛋黃醬與少許新鮮的奧勒岡葉做的。

27
尼露佛

　　有兩個人對我的味蕾的影響，就跟我的母親一樣深遠。雖然我去他們家吃飯的次數遠遠不如在帕尼絲之家用餐來得多，但他們就是有一股神奇力量，可以將菜餚做得讓人感覺既陌生又熟悉，鮮明而特別，不同於以往吃過的料理。其中一位是大衛·坦尼斯（David Tanis），曾在帕尼絲之家服務多年、斷斷續續任職的主廚，並著有我奉之為聖經的一系列食譜。另一人是尼露佛·伊卡波里亞·金（Niloufer Ichaporia King）。

　　尼露佛是很難形容的一個人。即使我試圖透過最鉅細靡遺與生動有趣的方式描述她，好像還是遺漏了許多細節與生平，而且往往一不小心，便會讓對方的形象顯得滑稽可笑。雖然如此，姑且讓我從這點說起：尼露佛是一位廚師。

　　尼露佛當然不只是一位廚師（在我看來，頂尖主廚很少不斜槓）；她也鑽研人類學與歷史學、收藏珍奇古物、寫書、彈琴、崇尚美的事物、喜愛香水、熱中調製浴鹽、追隨時尚潮流、

鍾愛熱帶鳥類及從事許多活動。這些嗜好明顯體現在她與丈夫大衛・金（David King）、還有一起領養的紅頭亞馬遜鸚鵡〔之前牠有過博斯科甜菜（Bosco Beets）、奧爾多（Ordle）與五歐（Five-o）等名字〕住了三十多年的房子裡。

那間房子只有珍奇屋這三個字能形容。每一處表面不論垂直或水平，都展示著某樣物品，屋裡的每一樣東西無不值得細細品味。有陣子我還小的時候，他們在斯廷森海灘也有一棟房子，那是大衛母親擁有的家族遺產，距離小鎮外綿延一、兩公里的月牙灣略遠，坐落於一條名為海流路（Seadrift Road）的街道上，面向潟湖而不是開闊的海洋。這棟房子在六〇年代由柏克萊建築師亨里克・布爾（Henrik Bull）建造，是三個五角形的結構相連而成的前衛建築群。但在我記憶中，那裡只有一處寬廣的開放空間，中間有一座壁爐，設計風格與他們在舊金山擺滿書籍、空間狹窄的維多利亞式房屋有天壤之別。然而，這間屋子儘管骨子裡充滿斯巴達精神，久而久之也堆了越來越多他們從海灘撿來的各式珍稀骨董。

大衛在加州大學柏克萊分校的霍華・休斯醫學研究所（Howard Hughes Medical Institute）當了一輩子的科學家，不久前才退休。舊金山住家所收藏的大量珍品，他跟尼露佛都有份。從兒時在巴哈馬國（Bahamas）成長的期間喜歡蒐集與研究貝殼，到後來短暫離開科學界，燃起了對前哥倫布時期與大洋藝術深刻而持久的熱愛，他蒐羅了一系列為數可觀的手工藝品、歷史

文物與引人入勝的文化遺產。在尼露佛收藏的骨董椰子磨絲器與一台印有巨型數字以便視障者使用的一台電話（大衛母親的遺物，而她會保留這項物品，只是為了趣味而不是實用）的上方，掛有一個以獵鷹為創作靈感的生殖力雕像，其可追溯至庫克船長（Captain Cook）航行至美洲新大陸（New World）的時代。同樣地，原本用來擱放裝有豆蔻紅茶的馬克杯的一張矮桌，在我上次造訪時成了一個獨木舟大小的非洲儀典用碗的底座。（尼露佛表示，如今那移到了壁爐左側的空位。）這些物品不可思議地與一些稀奇古怪的剪報與描繪火山的業餘畫作及其他零星雜物和諧共處。大衛與尼露佛並未替屋內的所有收藏品製作一本目錄，但我敢說他們對哪一樣物品擺在哪個位置瞭若指掌，無論是深埋在書架某處的薄薄一冊書、櫥櫃角落裡一罐稀有的香料，抑或是一條骨董翡翠串珠或某個傳家寶。

　　儘管屋內其他地方擺滿了各種引人好奇的稀世珍物，受尼露佛與大衛之邀來家裡享用晚餐的客人，到了之後往往會聚集在一樓的小廚房裡。隨著尼露佛開始做菜，從鍋爐中逸散的氣味是如此醉人，讓人難以忽視。辣椒在鑄鐵鍋裡翻炒、或香草與椰絲搗碎而成的印度綠醬所散發的香氣，與熱帶氣味的晚香玉、還有尼露佛有時會抹在手腕和脖子上的純檀木油宜人而清甜的味道交融在一起。三五好友齊聚一堂時，尼露佛會端出剛出爐的全麥恰巴提與一盤山羊起司佐上用萊姆醃漬的薑片與薑黃（她做的「點心」出了名地美味）。她會用微微沙啞、帶有英國腔的口音說，

「把這些食材包在一起，就可以吃了」，要大家動動手自己取食。

　　如今已屆七旬高齡的她，煮菜時看起來有點背駝，彷彿在小心查看手邊正滾沸冒泡的食物。然而，她一離開爐前，便讓人很難不注意到身上的特徵：茂密的捲翹短髮，高挺微尖的鼻子，溫暖的笑容，還有經常穿戴的別緻耳環與寶石項鍊。尼露佛在一九四三年生於孟買一個波斯家庭——他們的祖先約在西元七百至九百年間從波斯移居南印度。這群波斯人在為期數月的旅程帶上了家鄉的飲食與口味、當然還有料理的做法，並將它們與新落腳的這片土地的食材和傳統融為一體。多元烹飪傳統的交融，是波斯料理的一項特徵——尼露佛稱之為「喜鵲烹飪法」，凸顯其一貫的適應性。許多波斯料理甚至包含產自歐洲的食材與調味料，這是印度殖民遺留下來的影響，或許也是尼露佛可以輕易適應美洲食物的原因。她從十九歲到美國之後發展出的創新烹飪風格，既源自於本身與眾不同的味蕾與直覺，也受到了兒時接觸本地與外來口味的菜餚所影響。後者包含了辣味通心粉與美乃滋（不可思議地美味），這兩道菜均有收錄在《愛不釋手的甜點》（*Manpasand Mishtaan*），一本出版於一九五八年、她母親所收藏的波斯食譜。另一本食譜《五花八門的好滋味》（*Vividh Vani*）可追溯更早的一九一五年，據尼露佛稱當中的做法更兼容並蓄。她小時候從母親的一位朋友那兒學到了一道義大利雞蛋料理。她形容那「美味無比，但卻一點也不像義大利境內的任何食物。」

　　這些各異其趣的飲食傳統混融而生的火花，在春分時節或

許最為顯著，那時正值諾魯茲（Navroz）節日或波斯新年的慶典（一般落在三月二十日）。在距今將近二十年的一個吉日的夜晚，尼露佛成為帕妮絲之家的主廚。隨著菜單的誕生，她帶領其他的廚師們摸索餐廳的烹飪美學與自身研發的一系列口味與食譜之間的平衡，並一肩擔起將文化元素融入節慶料理的重責大任。晚餐時段，餐廳正門的階梯與通道兩旁可見用粉筆畫成的魚形裝飾，入口與一樓餐廳掛有氣味芬芳的金盞花、晚香玉和梔子花串成的花圈。曾為尼露佛的美妙食譜以鋼筆繪製插畫的大衛，巧手替每份菜單的封面添了幾分點綴，可能還有半顆葫蘆沾了純薑黃調成的亮黃色顏料後印上的圖案。

在尼露佛的巧手打造下，整間廚房煥然一新：料理使用了各式各樣過去鮮少上桌的香料，富含辣椒，瀰漫濃濃的香菜味（近期推出的波斯新年菜單之一包含一道香菜慕斯龍蝦沙拉）。一頓飯接近尾聲時，用冰牛奶、低脂鮮奶油、玫瑰糖漿與粒粒飽滿的聖羅勒籽做成的法魯達（falooda）*——我最愛的甜點之一——隆重上桌。這種飲料是為了紀念波斯一名祆教大祭司帶領教徒遷徙至印度西岸的歷史。他們在當地遇到了一位印度教統治者，對方拿出一個裝滿牛奶的罐子，暗示這塊土地容納不下更多的人了。對此，那名波斯祭司並未舀出任何液體，而是抓了一撮糖放進牛奶裡，意味著他的人民只會讓當地文化變得更加豐富，而非造成

---

* 由波斯傳入印度的一種花式甜點冰飲。

侵擾。尼露佛在帕尼絲之家做的法魯達結合了大部分的傳統食材，但有時會加點桑椹糖漿以增添風味，一滴加州水果的汁液，就能讓滋味更迷人。

雖然我喜歡帕尼絲之家為波斯節日準備的這些料理（有鑑於許多客人會提前整整一年訂位的熱烈迴響，這項活動有其不凡之處），但我最愛的是平日在尼露佛與大衛家吃的便飯。雖然尼露佛在我心目中是手藝了得的廚師之一，但她的烹飪方式樸實無華。如同我的母親與本書提及的一些人物，她做菜不拘小節，也不吹毛求疵。她靠雙手秤取食材的份量，而且總在過程中不斷品嘗與微調。她也是第一個讓我學到香菜可以直接切碎、而不像巴西里或山蘿蔔那樣得先拔除莖枝的人。有時菜餚上桌後，她也會撒上一撮隨手摘下的越南羅勒葉，為料理風味添上了畫龍點睛的一筆。看她處理食材，你會感覺她與它們再熟悉不過。例如，她烹煮米飯時都靠手指的關節來估算份量。她會將手指頭插在裝了生米的鍋子裡，加水到食指的第一個指節。這個技巧我從來都學不會，但話說回來，我與米飯不熟，手指當然測不準需要的水量。

對我而言，法魯達在象徵意義與滋味上廣泛地代表了尼露佛的廚藝，以及我從小——至少有部分的童年時期——吃她做的菜長大的那些時光。如同那位公然挑戰物理定律以表達立場的祆教祭司，尼露佛也不斷顛覆人們對於烹飪的看法。否則，還有什麼能夠解釋她如何讓一個十二歲的小孩吃下豬腳，並且將這道菜視

為人生中最難忘的美味料理之一？其中的祕訣並不在於豬腳燉得筋肉分離，也不是因為加了綠芒果、紅洋蔥、小黃瓜與墨西哥拇指西瓜切丁後拌入香菜莖所做成的清爽莎莎醬，而是她不管在烹調過程中做了什麼，都能讓不起眼的食材脫胎換骨。在她的廚房，料理的名稱彼此緊密相關，構成了種種迷人的滋味、濃郁的香氣及所有的感官享受。即使她在料理時只做了一個小小的舉動，依然能創造出這種奇妙的體驗。而儘管如此，她仍在一股神祕內在力量的驅使下，持續嘗試各種食材的新鮮組合。正是因為擁有這種源源不絕的好奇心，她做出的料理才獨一無二。我時常

覺得她與大衛就像科學家，兩個人都不停嘗試、研究與探索，這不只得將生命奉獻給某種熱情，實際上也需要不斷的自我鞭策。

法魯達

　　這道「料理」——如果要這麼說的話（據尼露佛在言談中透露，這在印度其實是路邊攤賣的奶昔）——是我最喜愛的甜點之一。我對這種飲料的情感主要來自它獨特的口感，也就是那些結凍還未完全退冰、渾圓飽滿的聖羅勒籽（看起來有點像小顆粉圓），但也喜歡它讓人可以精準控制滋味與甜度的特性。我偏好只加一點點糖漿，使用手工冰牛奶而不是香草冰淇淋，這樣喝起來比較清爽，不會太濃、太膩。首先將兩大匙羅勒籽以三杯水浸泡一到三個小時，或泡到種籽吸飽水後膨脹成原本的幾倍大。準備六個大小相等的透明玻璃杯。羅勒籽膨脹後，均分倒入杯中，鋪上一層種籽墊底。如果玻璃杯不大，每杯放兩茶匙種籽就好；如果杯子較高，每杯可放一到兩大匙。若希望呈現由下而上依序是羅勒籽、玫瑰糖漿與牛奶的漸層效果，必須先倒入牛奶（或覺得太多的話就先倒一半），再加玫瑰糖漿。倒入足夠的冰牛奶，直到滿至距離杯口約二點五公分的位置。每杯倒入約兩茶匙的上等玫瑰糖漿，詳細的分量依照個人偏好的甜度及每一杯的羅勒籽與牛奶有多少而定。玫瑰糖漿最後會沉澱，在羅勒籽與雪白的牛奶之間渲染成一條粉紅色的細絲。杯面再放上一小球香草冰淇淋（或者加入冰牛奶或義式冰淇淋）即可上桌，記得提醒大家（尼露佛一向如此），「喝之前先攪拌！」

尼露佛的夏日炸餅

　　有一年為了幫我慶生，尼露佛做了一大盤美味的炸物，吃起來就像印度的炸蔬菜與日本天婦羅的合體。那麵糊混合了鷹嘴豆、在來米粉、香料、氣泡礦泉水和鹽巴。她在砧板桌上鋪了幾張棕色牛皮紙，便開始在植物油滾燙冒泡的大鑄鐵鍋裡炸起麵糊來。除了麵糊之外，她還炸了一些常見的蔬菜，像是切成紫邊圓月形薄片的茄子與縱向切段的青蔥，另外還有我從沒吃過的食物，包括新鮮咖哩葉的嫩枝和塞滿印度家常起司的櫛瓜花。煮食過程中，她老神在在，不像大多數人油炸食物時會有的樣子。我會炸東西，但全程都充滿焦慮，深怕被熱油或食物燙到、把房子燒了，或最有可能的是毀了身上的衣服，不管有沒有穿圍裙。那年來參加派對的每個人都圍在尼露佛鋪了牛皮紙的砧板桌邊，彷彿受到某種磁場的牽引般，爭相拿取放在油亮亮的桌面上、炸得金黃焦香的餡餅，在砧板桌留下黃澄澄的痕跡，看起來猶如抽象畫家傑克森·波拉克（Jackson Pollock）筆下的滴畫。

　　食物要炸得好吃，就必須瀝乾水分。如果有食材需要清洗，便應該提前準備，甚至可以在洗好之後用吸水性強的廚房紙巾包起來，好有效去除水分。揉製麵糊之前，先備好蔬菜——大約五、六種，每一種約六到八份。菠菜或莧菜等葉菜類或咖哩葉等香草一般比較少用炸的，但那種外脆內軟的口感很棒。可以考慮使用的蔬菜如：日本茄子切成厚約四分之一吋的圓片、洋蔥切圈（或青蔥縱切）、馬鈴薯或地瓜切片、櫛瓜、蓮藕、花椰菜或青花菜。食材切成適當的大小很重要，這樣炸的時候才能完美上色與變得酥脆。地瓜、櫛瓜或花椰菜等切片時，每片的厚度不能超過四分之一吋。

　　所有食材都切好且瀝乾後，取一大碗倒入在來米粉與鷹嘴豆粉各一

杯，加入四分之一茶匙小蘇打粉與半茶匙鹽，一邊倒入一、兩杯氣泡礦泉水或蘇打水，一邊將麵糊拌成均勻濃稠的鮮奶油狀（不確定的話，就調稠一點）。但如果麵糊太稠，就多倒一些蘇打水，讓蔬菜吸收水分。鐵鍋或深煎鍋裡倒入發煙點高的植物油（譬如玄米油或花生油），深度約七、八公分即可。開火熱油，注意不要熱到冒煙的程度，通常會控制在約一百八十到一百九十度之間。你可以丟入一小球麵糊測試油溫夠不夠高，如果麵糊立刻浮起並冒泡，就表示油夠熱了。拿一根蔬菜裹上麵糊，甩掉多餘的量，放入熱油中。分批油炸，直到蔬菜糊變成美麗的金黃色。我喜歡學尼露佛那樣在桌上鋪牛皮紙，把剛炸好的蔬菜放在上面瀝油。瀝乾後撒上大量海鹽，趁熱享用。

粗粒小麥粉做成的生日早餐布丁

　　每年生日我都會吵著尼露佛做的一種甜點（即使我知道還會有一個蛋糕可吃），是裝飾精美、加了印度香料的奶油布丁，那是她在特別場合會做的一道甜品。那是像稀飯一樣煮熟的粗粒小麥糊，但是加了杏仁片與小豆蔻，這兩種食材都會越煮越軟，口感格外濃郁滑順。冷卻後，將打發的鮮奶油拌入粗粒小麥，然後倒進碗中，撒上薄如蟬翼的銀箔、粉紅玫瑰花瓣及烘烤過的杏仁片。小時候我很愛吃麥片粥，沉迷於那溫和、撫慰人心的一致口感，還有像行星環般懸在碗口邊緣的一層牛奶。那滋味絕妙，有無數次的早餐我都吃這個，但比起同類型但華麗而特別的粗粒小麥奶油布丁，它就遜色多了。儘管如此，我從未在生日以外的時刻要求尼露佛做布丁。我喜歡那種期待的感覺，知道下一次的生日終究會到來，並且伴隨著她那令人無法抗拒的美味禮物。

　　這道布丁所使用的粗粒小麥分量不多（質地介於稀玉米粥與料多

豐富的米布丁之間），但越煮會變得越濃厚。首先將兩大匙酥油或無鹽奶油放入厚底煎鍋以中火融化。拌入兩大匙粗粒小麥〔在印度雜貨店都叫拉瓦（rava）或蘇吉（suji）〕，不停攪動，同時加入約五百七十毫升（或兩杯）全脂牛奶及一撮鹽，煮至滾沸。之後立刻轉小火，繼續攪拌直到布丁變稠。拌入三大匙糖、一撮鹽與半茶匙壓碎的小豆蔻籽。繼續烹煮直到布丁呈現滿意的稠度。試試甜味；我個人偏好的不像傳統口味那樣甜。若要為這道撫慰人心的簡單布丁加上裝飾，可以使用手邊有的食材，例如灑一點玫瑰水與／或香草精、一把烤過的杏仁片、浸過格拉巴酒的葡萄乾、融化的奶油或酥油。磨碎的肉豆蔻性溫芳香，加一撮肉桂粉也有同樣的效果。這道布丁可以當成早餐的麥片粥，但我喜歡留到特殊場合再做，而且是尼露佛的「生日版本」。為此，使用攪拌器或食物調理機將濃稠的布丁與半杯的整顆杏仁一起打成碎泥。將粗粒小麥布丁倒入碗中，靜置冷卻。半杯鮮奶油打發到軟性發泡，然後拌入布丁裡。如果還想再加點東西，先在鮮奶油裡拌入肉豆蔻碎、玫瑰水或香草精，然後倒至精美的器皿中。布丁表面撒上大量的杏仁片或搗碎的開心果，或像尼露佛一樣加上食用的金箔或銀箔。放入冰箱冷藏，最晚隔天要拿出來吃。布丁上桌前，表面撒上新鮮的食用花瓣，現摘的紫羅蘭或亮色系玫瑰的花瓣都可。

28
任何食物加了萊姆都美味

我與母親應該是在一九九四年，或者至少是賣座電影《阿甘正傳》（*Forrest Gump*）席捲全美過後的某個時間點，開始一起撰寫「食譜」的。總而言之，這是我能想到最正確的時間點，因為那本到現在還沒出版的食譜《任何食物加了萊姆都美味》（*Everything Tastes Better with Lime*）或多或少採用了「布巴」布魯（Bubba Blue，電影的其中一個重要角色）的風格與他一系列的蝦肉料理。換句話說，我們寫的這本書與其說是**食譜**，不如說是在口述一系列加了萊姆汁而變得更美味的食物。工作進度向來緩慢，因為我們只有塞在路上動彈不得與找不到更好的娛樂活動時才動「口」，不過書案持續進行中。但我得說，這本食譜要是出版了，肯定會是曠世鉅作，因為我們母女倆發現了一件事：幾乎所有食物加了萊姆都變得更好吃。以下舉幾個（做法**異常複雜的**）例子：

- 木瓜加萊姆
- 芒果加萊姆與辣椒
- 瑪格麗特雞尾酒（給十一歲女孩喝的萊姆汁）
- 烤南瓜佐萊姆與泰國萊姆葉
- 清爽的萊姆「果凍」
- 萊姆花糖漿
- 香草優格加萊姆汁
- 萊姆水果沙拉
- 萊姆蛋白派
- 萊姆義式冰沙
- **萊姆加量**的酪梨沙拉醬
- 以萊姆、橄欖油、香菜與搗碎蒜頭醃製的腹脇肉牛排
- 加了萊姆汁與果肉的阿根廷青醬
- 萊姆風味奶油

　　回顧九〇年代，母親的拿手菜並未涉足比孜然更具異國風味的調味料，我想我們會著手寫這本以萊姆為主題的食譜，或許也得感謝尼露佛。在她的廚房，萊姆比檸檬更重要，而且用餐過程中可能會看到不怎麼常見的各種食材。在尼露佛的家，萊姆不只是萊姆，它們有不同的形狀、大小甚至顏色，品種也不一（有蘭卜萊姆、泰國萊姆、甜萊姆、美式萊姆與波斯萊姆）。個頭迷你、可口多汁的萊姆有著淡黃色外皮與淺綠色果肉，是我們不管

吃什麼常常都會用到的佐料，尤其是魚肉料理（大多數廚師都會以柑橘類水果搭配），此外也會用來增添豬腳或雞腿等任何一種肉類的風味——切片的萊姆成了不可或缺的調味料。

尼露佛的地瓜佐萊姆與香菜

　　世上沒有比地瓜或番薯更容易料理的食物了，但如果你一直以來都使用常見的調味料（奶油、鼠尾草等），這道菜絕對令你大感驚喜。烤箱預熱至約兩百二十度。馬鈴薯刷洗乾淨，修掉凹凸不平的節瘤，但不要去皮。如果馬鈴薯特別大顆，先縱向切成兩半，或是切成厚約一點二公分的長條狀。加入少許橄欖油，撒上一大撮鹽與一些黑胡椒粒攪拌均勻，平均鋪在烤盤上。等烤箱夠熱了，就放進去烤到熟軟（約三十到四十五分鐘，視馬鈴薯的大小而定）。每隔一段時間就拿木勺或小鏟子翻動，好讓它們均勻上色。取出烤盤，將馬鈴薯倒入大淺盤中。淋上萊姆汁並撒上去莖的香菜葉。尼露佛也會利用這個方法烹調印度南瓜，做法是南瓜去皮、去籽並切成新月狀，然後撒上切碎的泰國萊姆葉。上桌前，再淋一些萊姆汁。不論是地瓜或南瓜，這種簡單的方法都可以為你熟悉的食材帶來一點新意，成品也十分美味。我們在尼露佛家嘗過一次後，地瓜就成了我們家的主食之一。

　　我永遠忘不了在我年約十二歲時，我們家與尼露佛和大衛一起到墨西哥特龍科內斯（Troncones）的那趟旅行。某天晚上我們到了一座小村莊的露天市集，搭乘搖搖晃晃的小型遊園車，掛有燈飾的車身在黑暗中來回穿梭，像一道又一道的螢光軌跡。有

一個攤販在賣的薯片是我有生以來見過切得最薄的，他用一個裝滿植物油的大鍋爐油炸馬鈴薯，每放入新的一批，油鍋就滋滋作響。尼露佛買了一份用白色防油紙包起來的金黃薯片請我們吃。她拿起裝滿辣椒粉的罐子豪邁地撒了幾下，然後不知從哪裡變出了一顆萊姆，在薯片上頭淋了一些汁。薄如蟬翼的新鮮薯片、鹽巴、辣椒粉與萊姆汁完美地融合在一起。我的嘴唇邊緣被辣椒粉弄得微微發麻，舌頭在鹹酸交織的味道下縮了起來。那不僅僅是一種滋味，而是變成了一種感覺，在我體內不斷迴盪，再加上來回繞圈的小火車嘎答作響、鈴聲叮噹，我整個人彷彿漂浮在味蕾的夢幻天堂裡。那絕妙的滋味從此讓我不再渴望普通的薯片。到了現在，我對超市常見的那種薯片還依然興趣缺缺。如果你有時間和心力自己動手做，一定要準備萊姆與辣椒粉。

薯片

關於我的母親，很少人知道的一件事是她非常**愛吃**薯片。我不知道她究竟是從什麼時候開始出現這項愛好，但我確定這是她兒時跟著家人一起公路旅行或夏天到郊外烤肉的回憶所遺留的影響。雖然她小時候喜愛的一些懷舊零嘴如今有了更新、更健康與更高級的版本，但她鍾愛的薯片從來沒有受到品質「更優」的某樣東西所取代。你也許會想，滿滿一盤炸薯條也一樣好吃，而我的母親的確也喜歡這種食物，但薯條從來不曾撼動那些不起眼的薯片在她心中的崇高地位。事實上，她至今仍然無法抗拒機場、加油站及地球上每一間雜貨店常見的袋裝薯片（雖然她

克制自己只能在某些過渡性時刻吃薯片,但那些時候往往都短暫到只能匆匆塞條熱狗果腹,譬如在機場或其他與交通轉運有關的地方)。儘管薯片與帕尼絲之家象徵的慢食精神互相衝突,但基於母親對它們的喜愛,這種食物偶爾會出現在二樓咖啡廳的菜單上──原料通常是較為特別的品種,像是用英國原產的淡粉色馬鈴薯炸出來的薯片滋味就很棒。

我寫的這個版本跟帕尼絲之家的做法不同,因為我家沒有油炸用的深鍋,而且我發現要將一整鍋花生油(我從來不會買來囤的一種油品)控制在正確溫度,需要下一點功夫。於是,我改用烤的。首先烤箱預熱至兩百度。取幾顆中等大小的粉質馬鈴薯(如育空黃金或愛達荷品種)洗淨、擦乾與去皮,用削片器削成厚約零點三公分的薄片。(用刀子的話幾乎不可能切得厚薄一致,但削片器──尤其是日本街與網路上賣的塑膠材質──便宜又耐用,是非常值得購入的用具。)馬鈴薯削好後立刻倒入淡橄欖油拌一拌,並撒上大量細海鹽調味,放到單層烤盤上,片與片之間留一點間隔,不要黏在一起。烤至薯片變成金黃色,約需十五分鐘。取出後撒上卡宴辣椒粉,然後移到烤架上冷卻一會兒以確保最佳脆度。在薯片完全冷卻之前,淋上新鮮的萊姆汁即可享用。

29
感恩節

　　一九八一年，我的父母在我父親於柏克萊公寓舉辦的喬遷派對上相識。當時母親三十八歲，父親二十六歲。他們共同的藝術家好友珮蒂·科爾坦（Patty Curtan）與史蒂芬·湯瑪斯（Stephen Thomas）邀請我母親前來參加，據說他們向她透露，「我們不確定你適不適合史蒂芬，但覺得他可能適合你。」母親依約出席，從那晚起就沒離開過公寓（或者至少待了整整兩個星期）——他們從相遇開始就如膠似漆。僅僅八個月後，母親懷孕了，而我的父親儘管年紀輕，卻願意嘗試當個爸爸。八月的某一天，七個半月大的我哇哇墜地，體重才一千八百多克。

　　在生產的前幾天，母親還在紐約參加經營餐廳（之前在帕尼絲之家擔任主廚）的安妮·伊薩克（Anne Isaak）與藍燈書屋（Random House）的傳奇編輯喬·福克斯（Joe Fox）的婚禮。那時她進入第三孕期才剛滿一個月，便在長島薩加波納克（Sagaponack, Long Island）的海灘上烘烤緬因龍蝦，為晚宴準備

佳餚。八月的紐約並不涼爽，烤爐散發的高溫更讓人悶熱難耐。然而，我非常肯定自己對龍蝦的熱愛正是在那樣嚴苛的情況下萌芽的，因為在子宮裡的我也許是感覺到了炙熱的溫度，又或是聞到了讓人食指大動的炭燒香味，來了個大動作的伸展與翻身，彷彿在說「讓我出去！我餓了！」母親擔心這種不尋常的胎動會出事，隔天便回到柏克萊去醫院產檢。醫生明確建議她，接下來的孕期都要臥床安胎。據父親回想，當時她出了診間就崩潰，哭了一整晚。母親雖然擔心我的健康，但一想到得強迫自己哪兒都不能去的悲慘生活，就難過到快崩潰。隔天清晨四點四十四分，我出生了。

　　我從早產兒保育箱裡出來、清潔沐浴並可以見客後，最先見到的人的其中之一是一個大我不到十天的嬰兒，他是我母親的摯友雪倫‧瓊斯的兒子。跟我比起來，尼可拉斯‧孟戴（或稱尼可）沒有那麼急著來到這個世界；他比預產期晚了兩週出生，體重是健康的四千零八十克。雖然我們在體型與健康狀況上差異頗大（我有絞痛、黃疸和紅斑痤瘡，他則是一覺到天亮），但長大後自然而然發展出了兄妹般的情誼。母親成為他的教母，而雪倫就像我的乾媽，我與尼可從小長大的地方更是相隔幾個街區而已。甚至在一起進入溫馨的小鴨之窩托兒所（Duck's Nest Preschool）之前，我與尼可還曾和另一個名為喬爾（Joel）的男孩在日托中心結為好友。那所托兒中心是天使般溫柔、留著一頭長髮的楚蒂（Trudy）開的，她是母親雇用過的園丁馬克‧馬

修（Marc Mathieu）的女友。有時馬克也會兼任我的褓姆，不但教我學會人生第一個多於一個字的詞彙「割草機」，也帶我認識《星艦迷航記》（*Star Trek*）這部影集。

就我印象所及，我與尼可見證了彼此人生中多數的重要時刻，從共同的八月生日、每年在柏克萊碼頭（Berkeley Marina）觀賞國慶日煙火，到畢業、結婚，還有如今固定在感恩節相聚的約定。過去十年來我們兩個人大多在不同國家生活，而在那之前，更是分隔東、西兩岸各過各的日子。儘管如此，在小時候與漸漸成熟的青春期，我們經常一起度過幾乎全是大人的聚會，也總是一起溜之大吉——有時會偷拿一瓶酒來喝，有時就只是天南地北地閒聊。在我們培養起深厚情誼的無數時刻之中（時常充滿了溫暖），有個畫面至今仍令我難以忘懷。

大約在四到十六歲的那段期間，我們不時會跟著家人前往沙加緬度—聖約金河三角洲（Sacramento—San Joaquin River Delta），到白楊樹林立、名為喬氏磨石（Grindstone Joe's）的碼頭拜訪瑞恩納・「邦普斯」・巴爾道夫（Rainer "Bumps" Baldauf）與他的太太比亞（Bea）。他們在那兒有艘漂亮的大帆船，我們在夏天時大多會應邀去體驗內陸的酷熱、各式各樣的水上活動，還有——我母親最重視的——空間廣闊的戶外廚房。邦普斯是一個充滿魅力的日耳曼人，他在六〇年代經營舊金山備受歡迎的餐廳維克商人（Trader Vic's），之後轉行從事餐廚設計，在八〇年代替帕尼絲之家裝設了第一座披薩烤爐。然而，我認識他的時

候，只知道他很擅長滑水，還會用荷蘭鍋烘烤美味的麵包請我們吃。太太比亞的個性跟他南轅北轍，堅定自信而溫和平靜，彷彿來自另一個時代，頭上整齊穿戴的紮染印花棉巾更是加深了這種印象。他們兩人身上都散發著如今少見的一種老派善良氣質。在造訪三角洲一整天的那些旅程中（我們早上抵達，深夜離開），我們會先在公共的戶外廚房悠閒煮食數小時、下水游泳，可能還餵一下河裡早已飽到毫無胃口、看來鬱鬱寡歡的鯉魚，接著再展開各種刺激有趣的水上活動。

到了傍晚，隨著夕陽低垂，孩子們會沿著蜿蜒曲折的河道散步，一路走到溪流的水源地。廚房與戶外用餐區的對岸，矗立著三棵燦爛盛開、高如樓房的無花果樹，我與尼可兩個人會結伴前往，拋下他的弟弟奧利佛，有時則允許他當跟屁蟲。我們跟大人說要去採成熟的無花果當甜點，實際上則是悠悠哉哉地在樹木巍巍高聳得像教堂一樣的森林裡閒晃。那裡的氣味無疑令人陶醉，因為我們周圍全是長滿了熟軟果實的樹木。綠色的樹液味道強烈，讓我們的手臂與小腿沾上感覺刺癢的薄薄一層乳狀亮漆；熟軟的水果從樹上掉到了乾草地上，散發陣陣濃郁香氣；樹葉被三角洲的烈陽照得發燙，林蔭間瀰漫著熱帶氣味，讓人想起烘烤過的椰子殼。我們會爬到樹上，坦誠以對地傾訴自己的煩惱，而尼可不時會卸下心防，分享心中的祕密（即使已進入青春期）。我們偶爾會待上好幾個小時才回家，聞著乾爽的青草味、搔抓著布滿樹液的四肢，用Ｔ恤包起熟得剛剛好、屬於亞得里亞

（Adriatic）與加州品種的綠色與黑色無花果。在烈陽的照射下，那些果實軟爛得像果醬似的，果肉猶如寶石般紅潤細緻。如果我們在森林逗留得夠久，回來時便正好迎接晚餐，而邦普斯也會從爐中取出聞名遐邇的極品麵包。在我與尼可悠閒漫步林間之際，邦普斯忙著在麵糰裡加入迷迭香，然後靜置等待入味，直到開始準備晚餐、在烤爐生起炭火時，再將麵包放到事先預熱並鋪滿玉米粉的鑄鐵荷蘭鍋裡，然後送入烤爐。

邦普斯的迷迭香玉米粉麵包

這道食譜出自邦普斯，跟平裝線圈的《喬氏磨石食譜》（*Grindstone Joe's Cookbook*）收錄的幾乎一模一樣。這本小冊子在距今約二十年前由碼頭協會全體成員共同編著，後來邦普斯的兒子漢斯（Hans）拿出來與我分享。邦普斯就「鐵鍋烘焙」所寫的這段引言是無價之寶：

> 這種不可思議的烹飪用具有百萬種不同的尺寸與形狀，有卵形、圓形、圓頂形、平口形，以及有腳的（別誤會了，不是真的有腳！），用它們烤出來的麵包都很美味。最好使用有凹口設計、容量近七公升的有腳圓鐵鍋。這些腳可重要了，不是嗎？原因在於，它們可以避免鍋子直接接觸炙熱的烤爐。如果鍋子沒有腳，在底下墊三顆小石頭（約三、四公分）也行。鍋子務必先清洗乾淨，倒入一點紅花油「潤鍋」。確認鍋蓋與鍋子可以密合。

湯種：

三杯溫水

一大匙蜂蜜

一包乾酵母（顆粒狀）

三杯有機無漂白麵粉

油（潤鍋用）

麵糰：

兩茶匙鹽巴

半杯橄欖油

兩大匙新鮮剁碎的迷迭香葉

三杯有機無漂白麵粉

半杯至四分之三杯玉米粥或玉米粉

　　製作湯種：將溫水倒入攪拌碗中，加入蜂蜜與酵母。用木勺拌勻，直到酵母溶解、冒出浮沫為止。分杯加入麵粉，揉搓成團。搓到乳白色的麵糊變得平滑後，蓋上一塊棉布，放在無風處，讓它「靜靜」發酵四十五分鐘。

　　製作麵糰：湯種發酵完成後，就可以準備揉麵糰。加入鹽巴、油與迷迭香葉拌勻。一杯一杯慢慢倒入麵粉，用木勺攪拌。不久後，麵糰會產生黏性，這時開始用右手搓揉麵糰、左手倒入麵粉。揉到麵糰不黏手時，即可進行「第一次發酵」。將麵糰置於「事先撒好麵粉」的桌上或淺盤，在乾淨的碗裡倒入少許油，搖轉一下讓內裡都裹上油。將麵糰移至碗中。表面與側面輕輕拍上一層油，蓋上一塊棉布。放到無風處發酵一小時。

　　拿來作烘烤用的鑄鐵「荷蘭鍋」裡（鍋身與蓋子）裏上一層油，拿一張紙巾吸取多餘油脂。倒入玉米糊（或玉米粉），均勻鋪滿內裡。麵糰發酵完成後，將麵糰從碗裡「敲」出來，揉搓十分鐘。麵糰邊緣往內摺，塑整成一塊圓型麵包，再放入鋪上玉米粉的鍋裡。麵糰表面拍上一點油脂，讓它發酵一小時。將麵糰放到無風處並蓋上棉布後，便可著手準備炭火。

　　打開一包煤炭放入窯裡，點火後開始計時，要讓煤炭燒到合適的溫度約需四十五分鐘到一小時，這正好也是麵糰最後一次發酵所需的時間。炭火好了之後，將鑄鐵鍋端到窯爐旁邊。煤炭排成一個直徑約比鍋子大五公分的圓圈，鍋子底下不要鋪煤炭。將鍋子放到圓圈內，注意不要直接碰到炭火。鍋子加蓋密合，用鉗子夾取六塊煤炭放在鍋蓋上面。烘烤一小時後，打開鍋蓋看看麵糰的焦黃程度，輕輕拍一拍確認烤好了沒。如果好了，鍋子就可從窯裡移出。取出麵包放涼，切片後即可上桌。

　　如今，尼可與太太艾蜜莉亞（Amelia）、四歲大的長子查理（Charlie）及剛出生不久的兒子亨利（Henry）住在麻州格洛斯特郡（Gloucester, Massachusetts）。艾蜜莉亞從小在附近的安尼斯圭姆（Annisquam）長大，因此當他們看到龍蝦灣（Lobster Cove）一處碼頭有間開了很久的餐廳貼出招租公告，便決定試試在那兒經營季節性的餐飲生意。二〇一〇年，市集餐廳（The Market Restaurant）正式開幕。以前我常想，我們兩個（我與尼可）至少會有一個人從事「家族貿易」。雖然這種傾向在年少時

看不太出來，但決定當廚師學徒、陸續到法國與義大利、最後到帕尼絲之家學藝的人，是尼可；擁有廚師應該具備的性格與直覺的人，也是尼可——務實與不拘小節的行事風格，使他成為一名自信又天賦異稟的大廚。定居麻州（他與艾蜜莉亞在那兒又開了一間全年無休的窯烤披薩店Short & Main）之前，他花了幾年時間在帕尼絲之家一、二樓餐廳的廚房裡磨練廚藝。事實上，尼可就是在那裡認識艾蜜莉亞的，她一開始是冷盤廚師，後來跟尼可一起負責二樓咖啡廳的餐飲。他們一起工作了六年，交往、結婚並搬到東部。尼可充滿勇氣、相信直覺，在廚房裡是個猶如父親般寬厚溫暖的角色。艾蜜莉亞也是一位很棒的廚師，飲食喜好跟我十分相像，以致我不禁擔心自己這麼愛吃她的料理，是否算是一種自戀的表現。我與她在二十幾歲時還曾經開玩笑說要一起開個烹飪節目。不過，在廚藝上真正與她絕配的是尼可——他們配合得天衣無縫。

　　很少有人比尼可與艾蜜莉亞更能吸引我一起下廚。現在我回到加州生活，能夠在柏克萊與他們共度感恩節，是人生一大樂事。感恩節一向是屬於我母親的節日，這頓一年一度的大餐讓她可以不用那麼擔心準備的餐點會不會多到過剩。她是如果沒有人插手，就會將冰箱保持得乾乾淨淨、幾乎空無一物的那種人。不過我得說，這實在是一個了不起的習慣，因為我跟她完全相反。她採買時相當節制，只準備一餐要用的食材，而且往往根據自己的食量來估算每個人需要的份量；我則傾向準備絕對夠大家吃飽

的量。她在帕尼絲之家吃飯時，主菜也經常點「兒童版」的份量，或是點「兒童餐」──如果她在一樓餐廳用餐的話。無庸置疑地，她熱愛美食，但從未暴飲暴食。這究竟是瑪蒂娜帶來的影響（母親總是驚訝於瑪蒂娜可以用一隻全雞就填飽八個人的胃），或純粹是身為廚師對於精準控制食物份量與避免浪費的堅持，又或者她只是食量小，這誰也說不準。不過，在我正值青春期的時候，母親的這個習慣確實讓家裡的氣氛變得緊張，那時我身為運動員，一個星期有將近二十四個小時都在踢足球。運動量大的我即使跟家人吃完晚餐後仍感覺飢腸轆轆（家裡的菜色很美味，但份量一向克勤克儉），以致有時我會等到母親睡著後偷偷煮義大利麵配橄欖油或泡一碗麥片來吃。總之，在感恩節這天，母親終於能暫時從食物份量的焦慮中解脫，跟我們一起開心準備豐盛大餐。

　　這些年來，在沒有正式交接儀式的情況下，尼可擔下了準備感恩節大餐的重責大任，但場地依舊是我家。（在柏克萊，除了我們家之外，應該沒有一棟房子的室內壁爐設有一個大到放得進感恩節火雞的旋轉烤肉架。）隨著我們漸漸接管廚房的大小事，母親越來越常坐在餐桌前指揮調度，想想還滿有趣的。她讓尼可協助活動的進行，尤其是交代他多準備一隻鵝，好拿來做混合鵝肝與鵝頸的香腸或其他大膽創新的料理。母親總會事先用雞或鴨燉好幾鍋高湯（料想我們做各種料理時會用得上），但大多時候會在餐桌前忙著擺設節日用的餐巾、酒杯與銅製燭台，替花瓶插

幾枝從後院摘折來的秋季植物。沒有幫忙尼可與艾蜜莉亞煮菜的時候，我也會閒坐在一旁，偶爾插上幾句話，但主要是扮演副手的角色。畢竟，他們是專業廚師，我只是一個熱愛美食的人。

　　我還住在英格蘭的那段期間，經常無法回加州過感恩節。那時我還在念研究所，趕學業進度都來不及了（尤其是開始教書之後），更別說是在十一月空出一個週末去慶祝英國人完全不過的一個節日。儘管如此，對一個無神論的家庭而言，這項烹飪傳統就相當於重大的節日。即使我在國外生活，也不能不照例過節。雖然我在劍橋求學的第一年有過感恩節，但一直到了隔年搬去倫敦、遇見曾在帕尼絲之家擔任糕點師傅的克萊兒·塔克（Claire Ptak），才開始認真看待這件事，好好奉行習俗與儀式。

　　克萊兒比我早了幾年搬到倫敦，落腳沒多久便開了一間名為紫羅蘭（Violet）的麵包店，後來店裡的美式烘焙糕點擴展到哈克尼（Hackney）的百老匯市集（Broadway Market），最終在倫敦場站（London Fields）對面開了一間商店與咖啡廳。她做的蛋糕有一股迷人的魅力，前幾年本身還獲選為英國哈利王子（Prince Harry）與梅根·馬克爾（Meghan Markle）皇室婚禮的御用糕點師。總之，我們結為好友的時間點不是她在帕尼絲之家工作的期間，而是二〇〇六年我的母親受歌劇導演彼得·塞拉斯（Peter Sellars）之託在維也納準備一系列美食饗宴的時候。每當應邀在美國以外的地方打造宴席（例如彼得籌辦的莫札特兩百五十週年誕辰紀念會），母親就會召集一群待過帕尼

絲之家的老夥伴，然後這些廚師會組成有如國際「特種部隊」（或者應該說是外籍軍團？）的團體。多年來，其中的要員包含大衛・琳賽（David Lindsay）、大衛・坦尼斯、莎莉・克拉克（Sally Clarke）、希恩・利波特（Seen Lippert）、大衛・勒波維茲（David Lebovitz），當然還有克萊兒。

　　我與克萊兒一肩扛起在倫敦準備「像樣的感恩節晚餐」的任務。她當然是負責所有甜點，我則大多負責監督鹹食料理。不久後我們發現，英格蘭無法為這個美國節日供應適當的食材——畢竟一個月後就是多數英國家庭期待的聖誕節火雞大餐。我們不得不直接聯絡家禽農場，請他們預留至少一隻雞、可以的話養肥一點，再拜託鎮上的肉販給些好貨，並試著跟一些廚師套交情好取得某些食材。此外，我們還得在倫敦四處尋找新鮮的小紅莓、成熟的柿子與適合烘焙的美式南瓜。我們邀請了在當地認識的所有同鄉，但每次總會出現人數不成比例、滿臉困惑的英國人，他們雖然習慣在聖誕節吃大餐，但從未接觸過感恩節的任何習俗。（有些人會說，「天啊！有這麼多不同的菜色！居然有棉花糖？！還是跟地瓜泥一起吃？！」）這一群賓客也在美國人「歌頌晚餐」的傳統中受盡委屈，因為在加州土生土長的我與克萊兒規定，每個人都要發自內心地練習感恩，大聲說出自己特別感謝的一件事。

　　我與克萊兒在英格蘭「製造」感恩節——這在當地真的是一項產物——的那些年裡，大餐的舉辦場地換了好幾個，包含

倫敦的兩間公寓、劍橋一間裝潢時髦的合租公寓，還有康瓦爾（Cornwall）幾間度假小屋，但始終都有一群追隨者，也就是一些逐漸體認到這個節日有多棒的朋友。除了克萊兒一絲不苟的菜單與食材清單之外（多虧了帕尼絲之家的紮實訓練），不變的還有依循我母親的古法用濃鹽水醃泡的火雞。由於歐洲的冰箱及幾乎所有電器設備的體積通常小得可以，所以我們無法將巨大的火雞、連同更巨大的鹽水桶一起冷藏。大多數的年頭天氣都相當寒冷，因此浸泡鹽水的火雞在室溫下放個幾天並不會變質。為了這麼做，我們從當地一間五金行買來一個全新的塑膠垃圾桶，作為滷鹽水的容器。（母親要是知道肯定會氣死。）然而有一年（在劍橋）氣候反常，溫度稱不上炎熱，但絕對不算寒冷。我與克萊兒考慮了幾個替代方案，但火雞已經買了，而且我們認識的朋友當中（倫敦的專業廚師除外）沒有人的家裡有一台夠大的冰箱。於是，我們在滷水裡加了比食譜寫的再多一些的鹽巴，誓言烤出香嫩欲滴的火雞並祈求上天保佑，然後就把那隻火雞放在外頭。到了感恩節那天早上，我發現火雞在室外的溫度下流出了各種凝膠般的物質，使鹽水變成非常噁心的黏液。我做了優秀的廚師都會做的事：取出火雞、洗掉鹽水並放進烤箱，然後把裝滿黏液的桶子拖到街上，往都市的排水溝倒。烘烤後的火雞十分美味，而且多謝老天庇佑，沒有人吃了之後鬧肚子。

儘管換過一個又一個場地、費盡千辛萬苦在英格蘭尋找合適的食材，好幾年都沒能與任何親人共進大餐，但我們仍然設法讓

感恩節充滿應有的氣氛。這種「返家」的儀式在概念上超越了地點，不只是因為我認真鑽研母親的食譜好透過自己的雙手重現她的味道，也因為我感覺她一直都在我身旁。在感受餐桌上的每一件事物時，我的耳邊總會傳來她的聲音——不只是食物，更包含燈光、氣味、花草、餐巾、刀叉，**當然**也少不了酒。前些日子，我與克萊兒聊到她在帕尼絲之家的工作，說著說著，她感念起那段時光（只有她到目前為止在倫敦待的時間的三分之一）改變了她人生的許多面向。她說，除了她以外，我也可以找一個曾待過帕尼絲之家的廚師一起做感恩節大餐，因為他們的腦袋裡全都烙印了同一套價值觀。比起其他的廚師，他們更有可能從美、純粹與品味的考量出發來規劃餐點，其他餐廳往往為了追求創新花樣與一流賣相而寧可犧牲這些理念。說來老套，但在帕尼絲之家做菜，與其說是一份工作，不如說是一種生活方式。

　　我時常想起過去母親多次講述的一個故事，那段經歷不僅顯露了她的天真爛漫，也凸顯出她強迫症的嚴重程度。事情發生在七〇年代晚期，有次她受邀與多位享譽國際的**男性**主廚共同為《花花公子》（*Playboy*）雜誌在紐約綠苑酒廊（Tavern on the Green）的一場晚宴辦席。她並未精心準備各種上等食材，而是帶了數十顆碩大嫩綠、根莖**還插在土壤裡**的有機萵苣到外燴廚房，以便在法式綜合生菜沙拉中加入新鮮現摘的葉片。在那個年代，結球萵苣仍是多數超級市場與家庭主要的生菜來源，而高檔餐廳的主廚絕對不會端出沙拉這種簡單又普通的料理，但母親貢

獻了一道生菜沙拉。那場晚宴中，大家對其他餐點都沒有印象，因為那道沙拉是如此簡單而深刻……而且無比美味。

　　總之，感恩節是一個關乎平衡的節日。即便這頓大餐**充滿**華麗與豐盛的菜餚，讓人回味再三的料理仍往往是那些最簡樸的食材。如果你有意仿效我母親的風格做一頓晚餐，就必須堅持以沙拉作為結尾（食材無須多複雜，只要菊苣與萵苣等冬季蔬菜再加一些巴西里葉就好），即便這道菜上桌時大家都叫苦連天、假裝飽得吃不下。這時，你可以像她一樣提醒大家，沒有食物比沙拉更能促進消化了，然後遞上一大碗生菜。沙拉不但一向可解鹹食的膩，也如你將在席間看到的，能讓賓客們在飽餐一頓後感到愉悅與放鬆。如果要說我從母親身上學到了什麼，那就是沙拉**永遠**受人歡迎。

母親的鹽滷火雞

　　除非你住在極圈，否則不要採用前面提到的戶外自然冷藏法。雖然濃鹽水近年來日益受到爭議，但我還是建議用這種液體醃製火雞。將火雞擦乾並泡在濃鹽水裡，還是像我與克萊兒某一年的做法一樣利用一大支皮下注射器直接將鹽水灌進火雞裡，這兩種方法究竟哪個比較好，見仁見智。儘管如此，我只用過這種方式料理火雞（皮下注射器的實驗除外），也一向能得到美味的成果。此外，在火雞的購買上也應該選擇吃成分單純的有機飼料與人道自由放養的品種。如果有一個節日可促使人們刻意購買永續飼養的傳統品種家禽，非感恩節莫屬。

　　首先在一個非活性材質的大鍋裡倒入三點八公升的水煮沸，事先務必確認這個鍋子裝得下你買的火雞以及——更重要的——放得進你家冰箱。鍋內倒入一杯半的糖與一杯猶太鹽，攪拌直到完全溶解。關火，加入切好的蔬菜：三根紅蘿蔔、兩大顆洋蔥、三根韭蔥、兩根芹菜，還有香料：四片月桂葉、一小撮黑胡椒、一小撮香菜籽、四個八角茴香、幾枝百里香與鼠尾草，以及紅椒粉與茴香籽各一大撮。再倒入七點五公升的水。等鍋子冷卻後，將火雞放入濃鹽水裡，必要時上面放一個盤子或煎鍋壓住，以免火雞浮上來。放入冰箱冷藏七十二小時。

　　烤箱預熱至約兩百二十度。將火雞從鹽水裡取出，置於室溫下三十分鐘（倒掉鹽水）。拿紙巾輕拍火雞表皮，吸取多餘水分，體腔內塞入麵包與野生蘑菇餡（見下頁）。將雞翅的部分塞折到火雞底部，雞腿用廚用棉線綁起來。將火雞放在大型烤盤的烤架上，烘烤至表皮焦黃，大約四十分鐘。拿一根長的迷迭香枝或糕點刷在表皮塗上融化的奶油。烤箱溫度調至一百八十度，繼續烘烤，大約每三十分鐘就再塗上一點奶油（還有滴在烤盤上的汁液），拿溫度計插入火雞腿下側，如果顯示約七十五度，就不用再塗奶油。繼續再烤一個到一個半小時，視火雞的大小而定。假使表皮開始變焦，可鋪上鋁箔紙。烤好之後，將火雞移到乾淨的大砧板上，蓋上鋁箔紙靜置二十分鐘。拆掉綁雞腿的棉線，挖出雞腔裡的餡料，拿一把利刃切開火雞。如果你跟我一樣刀工不好，可以請朋友播放網路上切火雞的影片照著切，或者打電話向媽媽求救，請她口頭指導你如何一步步分切雞肉。

麵包與野生蘑菇餡

　　這道食譜出自母親之手，但後來變得像是我自己發明的料理。母親

的做法比較極簡風；我則偏愛複雜的版本，畢竟這是豐盛大餐的其中一道菜，再加上我對於味道與香料通常抱持「越多越好」的態度。首先準備幾塊放了數天的鄉村麵包，用鋸齒刀小心切掉外圈的硬皮。烤箱預熱至約一百八十度，麵包撕成一個個約五公分大小的方塊，均勻鋪在烤盤上。（買麵包時應抓一人份約一杯麵包的量。）烤盤送入烤箱，稍微烘烤一下。之後取出放涼。

準備幾種不同的菇類，洗淨並切除不要的部分。這道菜我偏好使用黃色與黑色的酒杯蘑菇；牛肝菌菇、刺蝟蘑菇與龍蝦蘑菇；還有羊肚蕈（你也可以只用一種蘑菇，或賣相好看的菇類）。將蘑菇切成大小一致的塊狀備用。接著來處理栗子：烤箱預熱至約兩百度。拿一把利刃在每顆栗子平坦的底部畫一個X，然後刻痕朝上地放到烤盤上。栗子表面灑一點水，烘烤十五到二十分鐘，隔幾分鐘就攪拌一次，等栗子變軟、外殼能輕易剝落就可以了。用乾淨的毛巾包裹栗子，輕輕滾一滾、壓一壓，燜個五分鐘。趁栗子還有點溫熱時剝掉外殼，捏碎成塊狀，放在碗裡。我做這道菜時都是這樣處理栗子的，但我也買過真空包裝或瓶裝的上等栗子以節省時間。兩種方式煮出來的栗子味道差不多，就看你想不想多花點時間自己處理。

製作調味蔬菜：幾根芹菜（葉子去掉）、幾根去皮紅蘿蔔（如果能買到不同的顏色更好）與一大顆黃洋蔥切丁，放入鍋中，加入一枝百里香、一片月桂葉與一大口特級初榨橄欖油。以中小火將蔬菜炒軟，然後再倒一點橄欖油與加入四、五瓣蒜頭。翻炒一下，然後加入蘑菇，繼續炒到所有食材散發香氣與開始軟化為止。蘑菇炒熟後，加一點海鹽調味，攪拌均勻後離火放涼。

拿一個大碗，放入剛才撕好的麵包塊、炒好的蘑菇什錦蔬菜、一杯紅醋栗乾、蒸熟去殼的栗子、一杯山核桃切碎、一把青蔥或大蔥整根

斜切與一大撮切碎的義大利巴西里，攪拌均勻。接著，倒入半杯鮮奶油、半杯自製雞高湯（見第69頁）或蔬菜湯，還有少許上等的雅文邑（Armagnac）、干邑（Cognac）或蘋果白蘭地（Calvados）。撒上一大撮海鹽與一些黑胡椒粒，用雙手拌勻。在這個步驟用手最好，因為這樣才能即時調整餡料的濕度。餡料最好有一點濕潤，因此添加高湯與鮮奶油時不要一下子加太多（雖然通常高湯會比鮮奶油多），過程中記得持續攪拌、試試味道及加入適度的液體與鹽巴。這個階段必須完成餡料的調味，因為再來只剩下進烤箱加熱與讓各種食材交融入味的步驟。調好味道後，將餡料分裝到一或兩個烤盤，並預留一些等下直接塞進火雞體腔。接著，烤盤用鋁箔紙飽起來，放入烤箱以一百九十度烤三十分鐘。拿掉鋁箔紙，再烤十到十五分鐘，等表層變得微微焦黃即完成。

香烤蔓越莓醬

　　這肯定是做蔓越莓醬最簡單的方法之一，也是我的最愛。我覺得莓果經過烘烤後滋味更濃郁，這是用爐火達不到的效果。首先將烤架置於烤箱的最上層，好讓莓果在烘烤時更靠近上方的燈管。烤箱預熱至約一百八十度。再大碗裡倒入六至八杯的新鮮蔓越莓，加入一杯半紅糖、一顆檸檬與一顆柳橙的細碎皮絲、半杯新鮮柳橙汁、幾顆整顆的丁香、兩根肉桂、幾個小豆蔻莢與一撮海鹽，攪拌均勻。將莓果均勻鋪在大的玻璃或陶瓷烤盤，放入烤箱烘烤，不時攪拌，直到蔓越莓軟化與汁液開始變得濃稠，大約需要四十五分鐘。如果醬汁有點稀，不用擔心——蔓越莓富含果膠，因此醬汁冷卻的同時也會變得更稠。試試味道，必要的話再加點糖或檸檬汁。

義式青醬風味球芽甘藍

　　我很愛球芽甘藍，所以不需要特別加重調味才吃得下去，但這是我最喜歡的烹調方式之一，尤其是加了青醬後香料與各種香草襯托出的美妙滋味。這道不是感恩節典型的配菜，但絕對能讓向來討厭吃球芽甘藍的人大大改觀。首先剝掉球芽甘藍外面那層葉子並切除不要的部分，然後從莖部縱向切成一半，備用。煮一鍋水，加入大量鹽巴，放入甘藍汆燙幾分鐘煮到半熟。取出甘藍瀝乾，分散鋪在一塊大棉布上，靜置到完全冷卻與水分蒸發。等到快用餐之前，取一、兩個大的鑄鐵平底鍋裏上薄薄一層橄欖油，開火加熱到發燙時，將甘藍切口朝下放入鍋內，煎到上色甚至焦黑後，再翻面間到焦黃。如果你的鍋子不夠大，就分批處理。煎好的甘藍放到大碗裡，拌入數大匙義大利青醬（做法見第231頁）。試試味道，不夠的話可再多加點鹽或檸檬汁。

印度南瓜奶油烤菜

　　我每年都會做這種奶油烤菜來吃。這種美味料理可以直接整鍋端上桌，做法非常簡單。如果你家有的話，使用大型鑄鐵鍋烹調（砂鍋也行）。許多品種的南瓜都適合這道料理，但記得選用尺寸夠大的，這樣可以切成大片，方便鋪在鍋裡。我最愛的一個品種是旅居英格蘭期間常吃的皇冠南瓜——又圓又大、有著灰藍色的光亮外皮與亮橘色果肉，滋味醇郁。放到鍋裡煮也很賞心悅目；綠色的外皮與橘色的瓜肉相映成趣。然而，體積大的奶油南瓜也是不錯的選擇，在大多數的雜貨店都買得到（不要買體積較小的栗子南瓜或斑紋南瓜，否則切片與鋪在鍋裡的時候會很費事）。近年來受到營養學的影響，開始出現多數品種的南

瓜連皮一起烘烤的做法。如果要將南瓜切丁，我不用烤的，但如果切成薄片，每一片就會帶有一點皮，烤過之後口感酥軟，不會硬得讓人咬不動。假如你切開南瓜後發現皮特別厚，可以削掉，過程不必太講究，只要削除外皮最硬的部分即可。

　　烤箱預熱至約兩百度。首先將一顆大洋蔥切成中等大小的丁狀，倒

入厚底煎鍋，加一大口特級初榨橄欖油，以中小火翻炒至透明微焦。關火，將洋蔥置於室溫冷卻。在此同時，半顆蒜頭去皮切薄片備用。南瓜剖半，拿湯匙挖掉裡面的籽與纖維，然後切口朝下，用一大把利刃切成厚約零點三公分的新月形薄片，厚薄盡量一致，這樣在煮的時候熟度比較均勻。如果手邊有削片器，而且適合南瓜的大小，也可拿來用。如果你用的是圓形的鑄鐵鍋，可將南瓜片依放射狀交疊鋪排，像盛開的玫瑰那樣；如果是方形或矩形的鍋子，鋪的時候可以略微重疊，像魚鱗一樣。首先鍋底潤一點油，鋪上一層南瓜，接著均勻撒上炒好的洋蔥、一些蒜片、幾球奶油、一點百里香葉、適量帕馬森起司、一點鮮奶油及大量鹽巴與黑胡椒（每一層都重複這個步驟，類似千層麵那樣）。鋪到鍋口時，倒入約一杯的雞高湯與一大匙融化的奶油——這能使南瓜在烘烤時保有水分。再撒上一些帕馬森起司、幾片百里香葉與一些黑胡椒和鹽巴。將鍋子放在烤箱中央，烤四十五分鐘到一個小時，或是烤到用小刀可輕易穿透為止。烘烤過程中，如果表層變得太焦，可蓋上一層烘焙紙或錫箔紙。烤好後靜置十分鐘，再分切盛盤。

柿子布丁

　　這是帕尼絲之家會在秋天——也就是農民開始採收第一批柿子的時節——推出的一道菜，但我愛吃的做法改良自朋友蘇・摩爾（Sue Moore）總會在冬季（一年一度的聖誕夜七魚宴所屬的季節）晚些日子裡做的一道菜。這道食譜的其中一個美妙之處在於，容許失誤的空間很大——這不是說笑。我的烘焙技術奇差，但就連蛋糕才女克萊兒・塔克也相信我能成功做出這道點心。

　　烤箱設為一百九十度。取一個長約三十五公分的卵形烤盤，盤底塗

上奶油（任何尺寸接近的烤盤或餅模也可）。在中型大小的碗裡用濾網篩入一杯半的麵粉、一茶匙小蘇打粉、一茶匙泡打粉、一茶匙肉桂粉，以及海鹽、蒜泥、磨碎的多香果、薑泥、黑胡椒粒與碎肉豆蔻各一大撮。將這些乾式材料攪拌均勻。取三顆碩大、**熟透**且幾乎呈現透明的八屋澀柿（Hachiya Persimmon），挖出果肉。（有時你得提前一、兩週採買，柿子到了烹調的當天才會夠熟。）將果肉放入攪拌機裡，打到滑順為止。取另一個碗，倒入三顆雞蛋與一杯紅糖（黑糖或白糖也行），拌打到質地蓬鬆。拌入八大匙融化的奶油（約一條的量）、一茶匙香草精與幾大匙薑泥（我個人喜歡味道辣一點，你可根據喜好調整份量）。倒入剛才備好的乾式材料，攪拌均勻。然後倒入半對半鮮奶油（half and half），接著是柿子果糊，充分拌勻。將完成的麵糊倒入烤盤至水位線的四分之三處（麵糊會大幅膨脹）。如果麵糊有剩，不要全倒進鍋裡；拿另一個小一點的烤盤裝。放入烤箱烤四十五分鐘至一小時，直到表面凝固但中間依然有光澤。取出布丁放涼。做好的布丁會非常濕潤，由於柿子含有豐富的果膠，因此成品會像蛋糕一樣好切，但質地比較像蒸布丁。可配著一些帶有香草氣味、加了蘋果白蘭地的打發鮮奶油一起吃。

克萊兒的榲桲蛋白霜冰淇淋

　　在某一次感恩節，克萊兒一時興起做了這道冰淇淋，從此之後這就成了感恩節的固定菜色之一（至少我與克萊兒一起準備感恩節大餐的時候都是如此）。我不記得當時的詳細情況了，但這道冰淇淋源自她烘焙時剩下的一、兩種材料，印象中是榲桲果泥、希臘優格，可能還有一碗蛋白。總之，有少數幾次我的口頭建議非但沒有毀了一切，反而讓克萊兒新發明的甜點更加美味，而這道就是其中之一（我在抓取份量與準備

食材方面總是求快又隨便，這對烘焙來説不是件好事）。這道冰淇淋混合了質地軟綿的調合蛋白與榲桲果泥，是我吃過滋味最棒的冰淇淋之一。我永遠忘不了有一年在克萊兒的倫敦公寓過感恩節，當其他賓客在飯廳狼吞虎嚥地掃光桌上的菜餚時，我們兩人在廚房裡試吃剛做好的冰淇淋，彼此臉上露出的驚艷表情。我們一嘗就知道這會席捲大家的味蕾，得意得不得了。

克萊兒跟我母親一樣，到了秋天總會在家裡常備一大碗榲桲。這種水果能讓空氣瀰漫馥郁的迷人氣味，長有絨毛與不規則溝紋的外表有一種低調的美感。克萊兒建議在剛入秋時就先水煮一大批，果漿可放入冰箱冷藏，之後做各種料理能派上用場。先準備約九百克的榲桲（約四顆中等大小的量），去皮去核，每顆切成四等分，然後再將每一等分切成厚約零點六公分的塊狀。取一個容量約四點五公升的鍋子，倒入兩杯糖與六杯水混合後煮滾，然後轉小火熬到糖完全溶解為止。剝開一根香草豆莢，刮下裡面的籽放入糖漿裡。接著，放入豆莢、半顆檸檬切片、一根肉桂、一茶匙茴香籽與剛才切好的榲桲。熬煮時，表面鋪上一張烘焙紙，再蓋上一個盤子或小的鍋子，避免水果浮起來。文火慢熬到榲桲變軟，約需四十五分鐘。準備一個密封盒，倒入煮好的果糊，冷藏可保存兩個多星期。克萊兒的這道冰淇淋是目前為止我吃過用榲桲做的最美味的甜品。她的食譜如下：

以下材料可做約六百毫升的冰淇淋

約一百四十克的水煮榲桲

三大匙煮過榲桲的水

兩顆雞蛋的蛋白

半杯特細砂糖

一茶匙轉化糖漿（見下一道食譜）

幾撮鹽

四分之三杯冷藏鮮奶油

一大匙原味優格

　　利用手持式攪拌機或食物調理機，將水煮後的楤榟與一匙半用來煮楤榟的水均勻拌打成糊。再倒一匙半的煮水，攪打好之後靜置備用。

　　拿一個隔熱碗，倒入蛋白、砂糖、轉化糖漿與鹽巴。隔水加熱，不停攪拌到砂糖溶解與蛋白糊變成白色泡沫。如果你有煮糖用的溫度計可測量，就煮到攝氏七十五度。蛋白糊離火，用電動攪拌器拌打到硬性發泡。

　　乾淨的大碗裡倒入冷藏鮮奶油與優格，攪拌到軟性發泡。倒入蛋白霜裡，充分拌勻後再倒到果糊裡。

　　克萊兒的溫馨提醒：「冰淇淋奶糊的味道一定要平衡。別忘了，食物冰過之後味道會變淡，所以應該調得比期望中再甜一些。如果不夠甜，先加半茶匙糖，攪拌均勻後再試試；如果太甜，就加一茶匙鮮奶油。另外還要嘗嘗夠不夠酸，因為楤榟沒有酸味，所以可能需要加點檸檬汁來稍微解解甜膩的味道。最後是鹽巴的部分，雖然調合蛋白裡已經加了一撮鹽，但再加一撮也許更能襯托楤榟的味道。記住，這些細微的調整舉足輕重。最好一次加一點，因為加了就不能重來。將冰淇淋奶糊倒入冰淇淋機，按照說明書的指示操作。我通常不會讓它拌得太久，以免做出來的冰淇淋太冰。」

轉化糖漿

　　轉化糖漿其實就是蔗糖做成的濃稠的焦糖色糖漿，但在玉米糖漿當道的美國並不常見。在英國，隨處可見泰萊集團（Tate & Lyle）生產的轉化糖漿；但在美國就得上網買了，或者到販賣各種進口食品的雜貨店碰碰運氣。然而，這種糖漿做法非常容易，需要的材料也沒幾樣。這道食譜做出的份量大約五百克，可裝入消毒後的密封罐裡置於陰涼處保存。

　　首先在厚底煎鍋裡倒入三大匙水與半杯糖，握柄搖晃幾下，讓水與糖均勻混合。以中小火熬煮，記得顧好鍋子，因為大約煮個十到十五分鐘後，糖水的顏色會突然起變化。等到糖水變成美美的焦糖色，慢慢倒入一又四分之一杯滾水（液體會噴濺燙手，須小心操作）。再倒入兩杯半的糖，繼續熬煮——糖會慢慢溶解。加一片檸檬，防止糖漿結晶，然後轉小火，再煮四十五分鐘。取出檸檬片，糖漿放至完全冷卻後再使用。

30
大衛

　　大衛‧坦尼斯所做的料理我吃過無數次，但在我腦海裡（或者應該說是味蕾）仍有一些回憶揮之不去。在我介紹他的幾道拿手菜之前（在新墨西哥做的檸檬草茶與薑汁司康、在柏克萊做的

韓式煎餅、在巴黎煮的火雞印度香飯），我想好好描述一下他這個人。大衛在職業生涯中透過各種方式——而且斷斷續續地——引領帕尼絲之家的烹飪，與刻板印象中多數世界級餐廳裡大男人主義、盛氣凌人的一流主廚恰恰相反。我從來沒看過他狼狽慌亂、滿頭大汗、大吼大叫或緊張兮兮的樣子。不論是在家裡或餐廳煮飯，他似乎都處於——或者可能是游移在——平靜的狀態。我猜這有很大一部分是因為，他毫無疑問地具有「天賦」，那種超乎異常的怡然自得出於他打從骨子裡知道自己無論做什麼菜都一定美味，以及在決定要煮**什麼**料理之前，就知道該**如何**烹調的本領。

聽我這樣形容大衛，你應該會覺得他不食人間煙火。那就錯了。事實上，他是個刻苦踏實的人——表情木然、身材矮小，但戴著眼鏡的臉孔剛毅堅定，留有一頭堪比參孫（Samson）*的花白頭髮，還有真正無所畏懼的烹飪所需的充沛體力。最重要的是他那一雙彷彿不屬於現代的手。他的手就像攝影師奧古斯特·桑德（August Sander）在一九二八年拍下的糕點師傅那樣堅毅耐勞；也像十九世紀末與二十世紀初的法國農夫那樣，會一把抓起一條活蹦亂跳的鮮魚、俐落地在魚腹畫下長長一條刀痕，然後毫不猶豫地伸進去掏出一團血淋淋的內臟。我喜歡下廚，從小時候就是如此，但我**從來**都不敢那麼做。除此之外，那雙手也會溫柔

---

* 《聖經》舊約中力大無比的勇士，他的力氣來自於茂密的頭髮。

地將一小株山蘿蔔（葉緣有皺褶、最美味可口的一種香草）放到盤子裡，精心插制到好看為止，或者優雅熟練地在碗裡淋上一匙辣油，點綴充滿生氣的雙色湯品。如果用深思熟慮這四個字來形容大衛，就太客氣了。他的謹慎不在於周詳的計畫，在我看來反倒是非常直接地展現自己獨特的生理時鐘（那種步調偶爾會讓他顯得跟廚房的忙亂喧囂有點格格不入，但也使他成為陪逛農夫市集的最佳人選）。到他家作客時，你會看到一個人悠然穿梭於各種食材之間，隨興而至地探索每一種可能性，但總能三兩下就端出菜餚，而且一向讓人吮指回味。看他做菜，就像在觀賞魔術表演。儘管親眼目睹了那些料理的烹調過程，但你永遠都無法做出那醉人的好滋味。而那正是他的魔力。

　　我年輕時曾跟母親說（故意鬧她），大衛是我最喜歡的廚師，在我心裡，他的手藝比她高出一大截——現在或許依然如此，不過我想母親應該會舉雙手贊成。我其實沒有在心中這樣排名，但如果有的話，大衛肯定當之無愧。我吃慣了美國本地的口味，對他賦予料理的豐富層次感到驚艷，看法自然有失客觀：讓人備感療癒的基底食材，搭配清爽的柑橘與新鮮的香草，再巧妙點綴少許辣椒。他擁有勇於冒險的味蕾。事實上，他是我生命中遇過、也是帕尼絲之家開業以來唯一一位能讓我母親放心，任由他在餐廳獨有的口味與料理以外嘗試創新的廚師。帕尼絲之家的創立，無疑是為了向傳統的法式烹飪致敬，多年來的菜單除了揉合鄰近的地中海風味，並未納入太多其他地區的元素。菜色以義

式料理的食材與做法為主，也融合了摩洛哥的口味，但從未出現過來自遠東、南方或北方的食材。我認為這樣的一致性是一種優勢，也是餐廳人氣歷久不衰的部分原因，但如果由大衛・坦尼斯掌廚，你會**希望**他顛覆傳統、勇敢創新。大衛在職的各段期間，出現了一些我最愛的料理，那些菜色經過了考驗順利進入固定供應的菜單，同時也帶來意料之外的滋味，譬如中式宴會點心（湯汁飽滿的鮮肉包！）、南印度的美食小吃或韓式燒肉。這些作為聽來像是聖徒傳記裡會有的敘述，但句句屬實。大衛是一塊不可多得的瑰寶，但願他能長壽不老，創造源源不絕的美味。

　　二〇〇四年，我到法國與母親會合，一起為《紐約時報》（*The New York Times*）傳奇編輯與分社長、也是首屈一指的美食家小雷蒙德・沃爾特・「強尼」・艾波（R. W. "Johnny" Apple）過七十歲大壽，而再過五天就是感恩節了。強尼選擇與眾多好友在享有盛譽的拉米路易（L'Ami Louis）慶生，這家可說是巴黎裝潢最不講究的餐廳了。那場派對的過程或許應該留到下次再說（大家喝得酩酊大醉，還拿烤過的法式長棍麵包來玩疊疊樂，把鵝肝當作奶油塗在上面），或者最好就讓它默默成為一段朦朧而神祕的歷史，不要多問。但是，那段期間大衛與伴侶藍道・布萊斯基（Randal Breski）有一半的時間住在巴黎，一半時間待在柏克萊。數十年來，帕尼絲之家的一樓餐廳由兩位主廚輪值；樓上與樓下的廚房都各有兩個人掌廚，一共四位廚師。一位廚師負責一週的頭三天，另一位接著輪三天，每個人都是工作三天之後休

三天的假。我不清楚事情的來龍去脈，只知道母親廢除了這套運作良好的制度，破例讓大衛與另一位元老主廚尚—皮耶・穆勒輪流在法國待半年、在帕尼絲之家工作半年，並且支付全薪。對我而言，這不僅證明了母親的新潮思維，也顯示她有多麼欣賞大衛的廚藝。為了留住他這麼一位人才，她願意打破任何規定。

　　無論如何，這段期間，大衛與藍道住在鄰近萬神殿（Panthéon）的一棟十七世紀的公寓，他們在那裡開了一間廣受歡迎的高級夜總會（我會說那是同類型餐廳的先驅），店名取為「獻給瘋狗」（Au Chien Lunatique），以紀念他們摯愛的小狗阿圖侯（Arturo）。那棟公寓空間不大，但有挑高，裡頭的深色木樑顯得古典莊重，頗有舊式建築的氛圍，還有藍道蒐集來的各種二手骨董家具與「物品」。我總認為他們兩人「一個主內，一個主外」，實際上他們也經常是如此。我對感恩節的印象很模糊，因為——我確定——當時還未成年的我喝了太多酒的關係。餐桌前的人數多到座位排成有點像是 L 形，從飯廳延伸到了客廳，我不知道他們從哪兒找來那麼多的椅子。晚餐美味極了，氣氛歡樂，像所有美好的饗宴一樣一路從下午吃到了晚上。每一道菜都是大衛在衣帽間般狹小的廚房裡變出來的。

　　然而，我真正記得的是隔天的一餐。不知為何，我獨自回到他們的公寓，也許只是為了有多一點時間跟他們相處。屋裡只有我們三個人，大家都有點意識朦朧，但神奇的是我們終於發現肚子又餓了。沒人想外出採買食物。說來不太可能，但我記得那天

巴黎的商店都沒開；我們只能將就用手邊有的食材煮出一頓飯。雖說是**我們**，但實際上我們都依靠大衛從老天那兒得到的靈感——他對烹飪的熱情似乎從不減退。他在櫥櫃前翻找一會兒，挖出了幾樣東西。首先，他將香米放入鍋裡以文火烹煮，加入一些香料、番紅花、小荳蔻、一些海鹽及一球奶油。接著，從前一晚吃剩的雞身裡挑出殘餘的雞肉。狹小的廚房工作檯下的櫃子深處放有一些優格與一小條黃瓜。沒多久，大衛就端出了一盤熱騰騰、充滿香料的蓬鬆米飯，最上頭還鋪有一層深色的火雞肉與撒了一些香草。配菜則是淡粉色的印度優格，拌了前一晚做醬汁剩下的蔓越莓與一點洋蔥和黃瓜。這正是你在豐盛飽足的感恩節大餐過後希望吃到的滋味：與火雞饗宴截然不同，卻又能消化剩菜。畢竟，感恩節如果沒有剩菜，就不是感恩節了。當時我看到大衛沒兩三下就臨場做出了這頓飯，驚訝得目瞪口呆。不過，他也讓我明白好廚藝最不可或缺的一件事，而這比餐具、創新或擺盤都還重要，那就是無庸置疑的**美味**。

剩菜火雞肉印度香飯

這與其說是一道食譜，不如說是多種食材的集合；與其說是印度香飯，倒不如說是仿做的料理。幾年前，大衛在《紐約時報》出版了這道食譜的絕妙版本；這是改編自省略烤箱的一種做法。由於其中一樣食材是已經煮熟的剩肉，因此你可以跳過傳統上將米跟肉放在密封的容器裡一塊兒蒸煮的步驟（儘管這個步驟能讓成品更讓人印象深刻與別具創

意）。首先挑出火雞身上好吃的部分（不論深淺），挑出的肉塊切成碎絲，備用。

煮米：兩杯香米洗淨，倒進大的平底深鍋，加水至淹過材料，浸泡一至二小時。在小的長柄煎鍋倒入一茶匙番紅花，以小火烘出香氣。米泡好之後，再加入一些水（或雞高湯，見第69頁）到米面約一個指節的高度（尼露佛都用這個方法；水位通常在米面以上約一點二公分處）。加一茶匙言、半茶匙酥油、數個整顆的小荳蔻與荳蔻莢、一根肉桂、烘好的番紅花與些許黑胡椒粒。煮至滾沸，翻攪一次，轉至文火並加蓋，再煮十五到二十分鐘（陳倉米會煮比較久）。煮好後不要掀蓋，繼續燜至少十分鐘。

煮飯的同時，厚底煎鍋倒入兩杯植物油，開火加熱，分批放入一小把葡萄乾，炒至鼓脹；一小把杏仁片炒至微焦；一顆中等大小的洋蔥切薄片，同樣炒至微焦。將這些炒好的食材放在餐巾紙上瀝油，撒上一點海鹽，留待稍後裝飾用。

取幾顆中小型的馬鈴薯去皮切塊，用鹽水煮至半熟，然後取出瀝乾。一大顆洋蔥切細碎。小的長柄煎鍋裡放入乾香菜籽、茴香籽、孜然籽、罌粟籽、乾辣椒粉、黑胡椒粒及兩個整顆荳蔻莢裡頭的籽各一大撮，烘烤到表面焦黃與飄出香氣後，將食材倒入研磨缽裡用杵磨碎成粉狀，並加入一撮肉桂粉。取一中等大小的煎鍋，倒入一大匙酥油，以中火將馬鈴薯塊炒至焦黃，然後加入洋蔥、半杯碎的生腰果、兩瓣蒜碎與一球薑泥（用削皮器最好處理），拌入剛才在研磨缽裡混合好的香料。煎炒至洋蔥呈透明狀、馬鈴薯變軟與焦黃。加入一大匙番茄糊與一杯雞高湯。將剩餘的火雞肉放進來，與馬鈴薯一起翻炒數分鐘，讓所有食材的味道充分融合。加入半杯原味優格與一大撮鹽，再炒一分鐘。試試味道，必要的話再加點調味料，好了就可以關火。

上桌前，用叉子翻攪米飯，一人份大約裝個一碗，盛在盤裡。舀幾勺馬鈴薯與火雞肉，然後再鋪上一杯米飯。撒上剛才煎炒好的葡萄乾、杏仁片與洋蔥，以及少許切碎的香菜。佐上蔓越莓優格醬與半顆水煮到全熟的雞蛋，如果冰箱裡有合適的酸辣醬，也可以加一點。

蔓越莓優格醬

這道醬料是大衛揮灑鬼才般的創意發明而成，利用感恩節吃剩的蔓越莓醬（見第301頁），將傳統以優格為基底的印度風味轉變成夢幻玫瑰色的調味料。首先將一大條黃瓜去皮去籽，用盒型削菜器刨絲或薄切成新月形，撒上鹽巴醃二十分鐘。放入濾鍋壓擠出水分。拌入兩杯稍微攪打過的原味無糖優格。加入一小顆切丁的紅洋蔥與切碎的泰國辣椒。煎鍋裡放入孜然籽與芥末籽各半茶匙烘烤一會兒，然後加到優格裡。加入一撮切細碎的香草與薄荷葉，以及幾匙蔓越莓醬，攪拌均勻。嘗一下味道，不夠鹹的話再加點鹽。

31

大學裡的菜園

　　我十八歲生日時，爸媽與鮑伯送了我一本名為《芬妮專屬的大學生存烹飪書》（*Fanny's Exclusive College Survival Cookbook*）的手工書。這本書經過討論後決定由鮑伯繪製的書，匯集了超過五十五頁的食譜與插畫，我人生中幾乎每一位親愛的家族朋友都有貢獻，從瑪莉昂·康寧漢（Marion Cunningham）、莎莉·克拉克、露露·佩羅、安傑洛·加羅，再到姑姑蘿拉（Laura）、叔叔吉姆（Jim），甚至是曼卡的因佛內斯旅館（Manka's Inverness Lodge）的老闆娘瑪格麗特·葛拉德（Margaret Grade）。雖然裡頭都是「大學生可快速簡單烹調的一些菜餚」，但那些食譜包羅的範圍廣泛，從蘇西與馬克的橡木桶梅莎威士忌酸酒，到江孫芸的清蒸岩鱈都有。除了料理之用，我特別喜歡拿來當作娛樂消遣的幾道食譜包括凱文·特爾林（Calvin Trillin）的「每次都會沾鍋的炒蛋」、蘇·墨菲「解饞妙方」與大衛·金的「提神點心」──這或許是唯一一道預知我不久後會為了準時

完成大一論文而熬夜的料理了，做法是這樣的：「舀三、四大匙的特濃即溶咖啡到杯子裡，加入等量的溫水或熱水，攪拌到咖啡粉完全溶解即可飲用。喝完後可來點味道淡一點的飲料潤潤喉，譬如熱水。這麼一來，你應該可以清醒好幾個小時。如果沒有廚房也沒關係，咖啡在浴室就能泡了。」然而，我最常參考的食譜

是莎曼莎‧格林伍德的紅蘿蔔蛋糕、起司筆管麵與巧克力蛋糕
——這些才是你年滿十八歲、好不容易擺脫患有恐糖症的母親後
會想吃的東西。我也會依照雪倫‧瓊斯簡單易上手的食譜做煎
餅，由於太常翻閱，以致那一頁的皺摺比其他還要深，上面的字
也變得模糊難辨。這本書是我有生以來收過最棒的禮物之一。

　　一個月後，爸媽帶我回到東岸展開耶魯大學（Yale University）
的大一生活。在那之前，我早已經歷過食材稀缺的環境（譬如參
加足球錦標賽和夏令營的期間），但這是我第一次面臨長期缺乏
食物、而且完全沒有設備可以下廚的情況。對母親而言，打造
一個類似廚房的小角落，跟在位於四樓的宿舍房間裝設循環扇
以對抗悶熱難耐的天氣一樣重要。父親坐在我的書桌前吹著風扇
納涼時，母親一個人消失了好幾個鐘頭。我跟室友茱莉亞‧佛
瑞德里克（Julia Frederick）及她的父母攀談（後來她成為我最要
好的朋友），聊到我們碰巧都帶了同款的床單與穿了藍色愛迪達
（Adidas）慢跑鞋，但在音樂方面的喜好顯然天差地遠〔我愛西
岸饒舌音樂，她則是齊柏林飛船（Led Zeppelin）的死忠歌迷〕。
終於，母親回來了，只見她一邊爬上樓梯，一邊使盡吃奶力氣搬
著一台小冰箱，身上還背著一整袋烹調用具：一個燒水壺、一
台電磁爐（宿舍規定不能使用）、幾只鍋子、一片砧板、一根木
勺與一組高級刀具。她將這些東西妥適地安置在「我」的床位旁
邊。茱莉亞的父母完全不知道這位來自柏克萊的瘋狂女士是誰，
滿臉困惑地看著我的母親重新擺設宿舍裡大大小小的家具。

接著到了覓食的時間：我們開車繞了紐哈芬市一圈尋找品質良好的農產品，但大失所望。雖然那裡的面貌如今變了一些（尤其是農夫市集的開設），但在二〇〇一年並不是一個讓人對烹飪充滿期待的地方。我們充其量只找到類似天然健康食品店鋪的小店（在母親看來那還停留在七〇年代的水準），因為儘管義大利進口雜貨店的商品陳設雅觀又井然有序，但東西的「有機」與否還是比較重要。這間名為森林邊際（Edge of the Woods）的超市是囤購全穀類與蘋果醬、義大利麵其其他乾貨的好去處，但我印象中那裡似乎沒有新鮮蔬果區。而且，那間店距離校園有數公里遠；我想採買的話，就得搭朋友的便車或坐計程車去。買了一些日常必需品後（如橄欖油、紅酒醋、海鹽與胡椒研磨罐等），我與母親回到宿舍，只見待在風扇前的父親雖然涼快多了，但是飢腸轆轆。幸好，那時學校正在校園裡最大、最主要的學生餐廳為新生及家長舉辦「迎新午餐會」。

我們穿過艾爾姆街（Elm Street）與華爾街（Wall Street）到了教堂街（Church Street）那側的入口，走進空間大而深的學生餐廳。家長們帶著孩子像無頭蒼蠅般轉來轉去，在幾張長桌前排隊領取不銹鋼餐盤──這種器具是設計來讓夾取到的食物維持半熱不冷的溫度。我們一踏進餐廳，母親就搖了搖頭。「這裡的味道**不妙**。」這句話是多餘的，因為我們三個人破天荒地一致覺得這個地方氣味不好。「聞起來甚至不像**食物**的味道。」父親附和說。餐廳的氣味確實糟糕透了，但我很慶幸自己長久以來的

堅持，終於盼到了始終飽受我嗅覺所害的爸媽抱怨起環境的這一刻。儘管如此，我們朝半開放式托盤的方向走去，好讓母親近距離地好好分析一番。映入眼簾的是蠟黃的帶穗玉米、乾扁的漢堡、皺巴巴的熱狗與結球萵苣——活像「五〇年代的美式烤肉」。母親斷然宣布，「我們不在這裡吃飯！」我們一口也沒吃就離開了，最後去了幾個街區外一家還不錯的三明治快餐店。

那天下午，校長——一個名為瑞克・列文（Rick Levin）的男人——請兩千位新生與家長到他位於綠樹成蔭的高嶺大道（Hillhouse Avenue）的宅邸作客。這場活動的目的，是讓新生與家長們一個接一個地跟往後四年將掌管全校教育的男人握手致意。這些「問候」為時短暫，每個人與校長握手平均不會超過四到六秒。然而，輪到我的母親時，她用力緊緊握住瑞克的手，直到對方收到她的訊息才放手：「你、我兩人必須改變這裡的伙食。我很快就會去找你好好談談這件事。」他一臉困惑，畢竟身旁沒有助手可以幫忙解釋，我母親雖然情緒激動，但不是個瘋子，而是一位來自加州柏克萊的知名廚師。他也完全沒有料到，她會履行這個諾言。幾個月後，母親坐在校長辦公室裡，描述自己對於耶魯大學校園午餐計畫的展望。其中包括一項永續膳食計畫、一座校園農場、校園全面實行堆肥與回收的計畫，以及糧農相關課程的開設。

在此同時，我發現了霜凍優格——校園裡各處餐廳都有製冰機供應這種口感綿密得令人上癮的冷凍甜品。除此之外，我一發

現有個名為「來自地球的食物」的小型社運團體，立刻就報名加入，不過我覺得以這麼少的人數不太可能引起學校行政部門的注意。雖然如此，我仍致力在學生餐廳提倡有機食物（儘管我其實很少在那兒吃飯，因為我在宿舍有自己的「廚房」）、提交請願書，還有與一些懷抱理想的學生們開會（從氣質可以感覺出他們的父母應該就像我從小在柏克萊接觸到的那些嬉皮人士）。然而，母親迅速而有力的介入，讓我才剛展開不久的積極行動顯得有點多此一舉。在她的主導下，校方召集了一些學生與教職員工組成委員會，著手推動膳食計畫。一項試辦計畫在柏克萊學院（Berkeley College）展開，相較於耶魯大學，這所寄宿學校的校長更贊同我母親的理想。依照計畫內容，未來學校餐廳供應的食物完全在地生產，會隨季節而有所變動，而且符合永續發展的精神。餐點也會由受過專業烹飪訓練的員工烹調；對比之下，耶魯學生餐廳的「廚師」大多屬於學校的管理部門，幾乎沒受過供膳的專業指導，反正用微波爐加熱冷凍食品的這種工作不太需要人教。想當然爾，全新的學餐開幕後，在校園內引起極大迴響。有些人得知餐廳即將供應**真正的食物**（如現切生菜、香烤蔬菜和帕尼絲之家風味的披薩），甚至動歪腦筋偽造學生證以在用餐時段從後門溜進來飽食一頓。

過沒多久，一位名為喬許・菲特爾（Josh Viertel）的男性獲提名為計畫負責人。我在山地學校（Mountain School）認識喬許，那時我們兩人正好都參加佛蒙特州（Vermont）為中學生開

設的學期課程，他在那裡工作一年，教授環境學課程。回到耶魯，我打給母親，跟她推薦喬許非常適合主持那項當時還未命名的食物計畫。念完大二後的那個暑假（在那之前我吃了好多霜凍優格……身材嚴重走樣），喬許帶領一群實習生在愛德華茲街（Edwards Street）的耶魯農場（Yale Farm）破土動工。等到大三學期開始我回到校園時，那片菜園已然欣欣向榮。雖然才剛起步，但已種滿了朝氣蓬勃的美麗作物。每天都有志工灌溉維護，學生也開始將少量農產拿到農夫市集販售，還計劃架設柴爐販賣窯烤披薩。

　　我偶爾也會到菜園當志工，那裡每過一個學期，就又種了更多燦爛迷人的蔬菜與結實纍纍的瓜果，但我更擅長的工作是「採收」。我的母親不僅為這項計畫播下了種籽（某種程度而言，實際上也是如此），也協助籌集初期開闢菜園的資金，多次親力親為爭取權益。她做這些事完全無償。其實仔細想想，她與父親幫我付學費，就等於是在資助耶魯大學，以提升其在食物與永續發展運動中的領導地位。自「耶魯大學永續食物計畫」成立以來，許多其他同級學校也紛紛仿效建立校園作物產地直送計畫。幾年前，耶魯大學的永續食物計畫終於得到了贊助。我之所以說這些事，都是為了表示我並不後悔以前傍晚偷偷跑去那片菜園大吃一頓。這通常發生在夜幕降臨後（我沒有那麼大包天，也不認為自己可以在光天化日下藉學生志工的身分之便偷摘作物來吃而不會遭人指責），而且我通常會跟母親的表姐凱西・華特斯

（Cathy Waters）一起行動。凱西是才華洋溢的平面設計師，無償接下了這項食物計畫的視覺設計工作。當時她與先生丹尼斯·達納赫（Dennis Danaher）住在紐哈芬，而我與他們都經常收到母親寄來的豐盛食材。

　　母親從這項計畫中得到了滿滿的喜悅。學生們對產地直送計畫的熱烈響應帶給她深刻的啟發，而這項計畫也可作為在其他高等教育機構推行的模板（羅馬永續食物計畫即是一例）。但是，她投入這類計畫的真正原因是，她無法想像我大老遠去一個地方讀書、但吃不到從小就熟悉的食物——就如我們家總說，那種食物有一種氣或生命力，是農夫悉心照料土地種植而來。當然，你可以將這則故事看作是我享有特權的一個例子，不只因為我就讀一所聲望崇高的大學，也因為我有一個溺愛女兒、會為了幫她買到一顆完美的番茄而不惜任何代價的母親。毫無疑問地，（當時）我備受寵愛。但更了不起的，其實是我的母親手上握有可以改變這個社會的工具，而她**發揮了那些工具的效用**。食物計畫的成立，一開始也許是為了讓我能在遠方感受家的溫暖，但也確保了成千上萬名學生及往後的世代能夠吃到品質更優良的食物、推動更多永續環保實踐。

　　有次許多記者前來採訪耶魯大學永續食物計畫，其中一位問道，當地的野鹿是否會來偷吃菜園的作物，而喬許回答，「這裡沒有野鹿，只有芬妮。」

花園沙拉玉米餅

　　這是我們家最常做的料理之一，也是我在大學時期不時就會做來吃的一道。不知怎地，母親對蒙特里傑克起司（Monterey Jack）這種味道溫和、遇熱會融化的起司情有獨鍾。她從來不會單獨吃這種起司，但冰箱裡總會放著一大塊，以備有時烤起司三明治或做花園沙拉玉米餅之用。這種配什麼都好吃又容易組合的玉米餅或許是本書提到的食譜中最棒的一道了，因為它們結合一定程度的美味與方便，是你在想吃美食又怕麻煩時的最佳選擇。儘管如此，我有無數次的早餐與午餐都選擇吃這一樣，即便我有大把時間可以烹調更細緻複雜的料理。顧名思義，這道玉米餅裡基本上就只有包調好味的生菜沙拉。

　　取幾把洗好的生菜葉大致切段，放在攪拌碗裡。用削皮器將幾根蘿蔔刨成薄片，加到生菜裡，另外再將一小顆番茄切塊，與一撮香菜葉一起拌入。瓦斯爐開火，取兩片玉米餅隔空烤至微焦（如果家裡使用電磁爐，可以跳過這個步驟）。將玉米餅放在小型烤盤上，用盒型削菜器將起司塊刨成細絲，鋪上滿滿一層。烤盤送入烤箱（這是母親允許出現在廚房裡的唯一一種電器，雖然她拿萬用麥克筆把所有鉻黃色的配件都塗黑了）或放在烤箱裡的烤架下方，讓起司烤到融化。在此同時，幫沙拉淋上紅酒醋、橄欖油並加一撮鹽巴。試試味道，調整一下。由於起司具有油脂，沙拉可以調得比平常習慣的口味再酸一點。等到起司冒泡，就取出玉米餅，包上調好味的沙拉，趁熱享用。你可以包各種不同的餡料，依據自己的喜好或手邊有的食材而定。有時我在烤玉米餅之前，會在起司上面撒點辣椒粒（如墨西哥辣椒或賽拉諾辣椒）與蔥花；有時會在沙拉裡加上酪梨或黃瓜。

32
母女同行的一路上

　　自從特柳賴德電影節（Telluride Film Festival）開辦以來，我的母親就一直是常客。事實上，我記得她在這個影展的四十六年歷史中從來沒有一年缺席過。如此的熱切投入不只說明她對電影的喜愛〔僅次於美食、當然還有「可食的教育」（Edible Education），這是她人生重要的一條線〕，也證明她對湯姆·盧迪（Tom Luddy）的長久崇拜——他是電影節的創辦人，也是母親在六〇年代末與七〇年代初的伴侶。儘管母親每年都會出席在僻遠的鄉間地區舉行的這場電影界盛事，但我只有陪她去過幾次。電影節的日期落在勞動節那週的週末，與開學的頭幾週撞期，我不可能在這段期間曠課來個科羅拉多州（Colorado）的短程旅行。我搬到英格蘭後，參加電影節的可能性更是渺茫。雖然如此，在我大學畢業後與到英國攻讀研究所前的兩年空檔，機會出現了。我只需要將跨州公路旅行最後三分之一的旅程與電影節的那個週末串起來，就可以跟母親一起去了。

　　這趟前往特柳賴德的旅程在二〇〇六年展開，那時我與大學時期的男友湯姆・史密特（Tom Schmidt）一起開車從紐約前往加州。當時我們兩個都二十出頭，不久後將進入劍橋大學就讀，因此我們決定來場繞行美國西南部一圈的長途旅行，中間停靠馬爾法（Marfa）等城市，並在石化林國家公園（Petrified Forest National Park）內色彩繽紛的沙漠與石化木的奇幻景色中露營。電影節的那個週末，湯姆必須飛回紐約探望家人，我則打算獨自一人開完剩下十七個小時前往柏克萊的路程。母親並不喜歡景色千篇一律的漫長路途或無法立即得到獎勵的任何駕車行程。說到這點，很難想像她年輕時騎摩托車橫越土耳其杳無人煙的荒漠（不過，有照片證明她確實這麼做過）。然而，在我開始將行李搬到車上、準備踏上路程之際，母親看著我，衝動地說要陪我一起上路。她已訂好回加州的機票，但在主動提議的那一刻（我敢說她馬上就會後悔了），便取消了原本的計畫，決定一起跟女兒開車離開特柳賴德、橫貫猶他州（Utah）與穿越內華達山脈（Sierras）。我們從來沒有一起經歷真正的公路旅行——最美式的成年禮，途中充滿綿貫不絕的道路、緩緩行駛的休旅車與速食餐。這是第一次。

　　我想不起為什麼，但途中有一小段時間我把車子丟給母親顧。我回來時，她已經在那台福斯旅行車的後車廂塞了新買的一大個冷藏箱與野炊爐。「你用不到這個占空間的備胎，對吧？」我看得出她正在找地方安置兩瓶無蓋的橄欖油與醋，一邊抓起我

的羽絨枕，一邊神情驚恐地把枕頭塞在它們中間。我只能乖乖遵照她的旨意：幫忙清出空間好擺放那些瓶罐與其他物品，包括數瓶玫瑰紅葡萄酒（考量這段探險旅程為時短暫，這個數量似乎多得有點誇張）。我彎身查看其他的「必需品」，有一根木勺、一包紙盤、拋棄式餐具、一把折疊小刀、一個濾盆與最重要的露營用具——煮蛋鍋。此時，我的腦海中掠過母親在鳥不生蛋的地方野炊的畫面。我看過她在堪薩斯州薩利納（Salina, Kansas）的旅館房間用本生燈煮一鍋豆子；在佛羅里達州（Florida）的高速公路旁烤玉米；在柏林一間旅館的小廚房裡製作百人份的茴香蛋糕；還有在夏威夷用旅館壞掉的家具生火烤肉（我應該夢過最後這一幕）。此刻，我想像她在後車蓋上煮蛋的情景。我才離開那麼一下子，她就到當地的五金店買了打造一個戶外廚房所需的基本用具，還到農夫市集採買夠我們吃上至少一週的新鮮蔬果（因此冷藏箱才會出現在後車廂裡）。我偷偷瞥了那個塞得滿滿的箱子，發現裡頭有番茄、黃瓜、桃子、李子、洋蔥、蒜頭、十幾顆新鮮雞蛋、萵苣、胡椒、莓果、各種香草與帕馬森起司，而且底下都墊有保冷袋。她顯然打算讓我們在接下來穿越四個州的旅途中「都吃在地的食物」。然而，我們的旅程最多兩天就會結束了。

　　由於我們在出發當天的下午只勉強開到出了特柳賴德不遠的地方，因此第一天的車程沒什麼進展。我們沿著深入平原地區的蜿蜒道路往北開，穿越蒙特羅斯（Montrose），也就是

通往黑峽谷（Black Canyon）*的門戶。掠過安肯帕格里國家森
林（Uncompahgre National Forest）的東北邊之後，向西穿越大
章克申（Grand Junction）──因位處科羅拉多州與大章克申河
（Gunnison Rivers）的交界處而有「河城」（River City）之稱──
一個半小時過後，趕在日落前抵達猶他州人口只有九百多的小鎮
綠河（Green River）。十九世紀上半葉，綠河鎮的聚落位於一條
河的渡口上，這條河是來往於舊西班牙古道（Old Spanish Trail）
這條貿易路線的商人們的必經之路，後來成了美國郵件遞送的重
要通道。在一九〇六年行政區合併改制後，這座小鎮仍保有維多
利亞時代都市計畫的遺跡：適度的棋盤式道路設計，中心設有綠
地，數座教堂散布其中。在短暫停留期間，我們還發現那裡是世
界上最大的西瓜（World's Largest Watermelon）的所在地──一
個超大尺寸的剖面西瓜雕像，坐落於一座荒涼停車場裡草草搭建
的一個遮棚下。原來，這塊破舊的彩繪木雕可追溯至五〇年代，
也是綠河鎮一年一度的西瓜節（Melon Days Festival）的重要象
徵。

　　我們在那附近尋覓可以過夜的地方，找到了一間經濟旅館
──如果我沒記錯的話。我們相信（純粹基於猜測）一定能找到
一家類似墨西哥風格的酒店，這樣晚餐就能吃他們供應的美味玉

---

* 甘尼遜黑峽谷國家公園（Black Canyon of the Gunnison National Park），位於
　科羅拉多州。

米餅。墨西哥料理彌補了美式烹飪所欠缺的那一塊，即使在一些貧瘠不毛的地方，通常還是能聞到玉米餅的味道。不幸的是，我們在這個小鎮沒有那樣的運氣。由於那天正好是勞動節，除了加油站之外，沒有任何一間店營業，於是我們到那裡跟一個坐守玻璃泵島的男人買了薄薄一包火柴。雖然如此，我們並沒有因為找不到地方吃飯而感到沮喪。反正，車子上載滿了糧食，那些蔬果總得趁還新鮮的時候趕緊吃完。

　　辦好旅館的入住手續後，我們小步跑過馬路到對面的停車場，吃力地搬出冷藏箱與其他不可或缺的美酒。最重要的第一件事：儘管我這個做女兒的苦口勸阻與未經查證就聲稱猶他州禁止民眾在公共停車場飲酒，母親仍然開了一瓶玫瑰紅葡萄酒。她就著紙杯倒了一些酒，然後不知從哪兒變出一根蠟燭，接著將蠟燭插到酒瓶的瓶口，劃了根火柴點亮。「你看，打開的酒瓶變成了**燭台。**」我啞口無言，尤其是對於她就地取材的巧思，更別是說燭光搖曳為野餐桌帶來的浪漫情調了。

　　「芬，煮香草煎蛋來吃如何？我確定煮蛋鍋的鍋底可以煎東西。」**香草煎蛋**指的是一道家常菜，做法是開火油煎太陽蛋，當雞蛋在鍋裡滋滋作響時，撒上大量切碎的香草。

　　我拿紙盤充當砧板，用折疊小刀盡可能將香草切得細碎。同一時間，母親則忙著營造環境的氛圍。她從車裡的某個角落拿出一大塊亞麻桌巾（這種東西她多到數不清），鋪在凹凸不平的桌面上，接著又掏出了兩個紙盤與一些餐具。她將煮蛋鍋架在桌

上，在鍋裡倒一些橄欖油，然後打入雞蛋、撒上香草。我切了幾塊檸檬黃瓜與幾片番茄，放在堆滿萵苣的盤子裡，淋上隨興調製的醬汁。由於手邊沒有她慣用的研磨缽與搗杵，母親只好用小刀在紙碗裡搗碎蒜頭好做酒醋。我們將這道醬汁稱作「紙盤風味的酒醋」——雖然不像平常做的那樣美味，倒還能入口。享用晚餐的過程中，她不時拔掉蠟燭瓶塞，從「燭台」倒酒斟滿玻璃杯，再放回原處。太陽緩緩消失在西邊的地平線，有那麼一刻我們靜靜地面對面坐著，享受溫暖明亮的燭光映照在臉上的光芒，夜深了才回飯店就寢。

隔天早上，我在柔緩的切敲聲中醒來。我懶懶地躺在單人床上呻吟，身體在圖案鮮豔的床單上扭動了幾下。「噢！不小心吵醒你了！」母親一邊端著裝在兩個塑膠杯裡的夏日水果沙拉從浴室走出來，一邊說道。我睡眼惺忪地走進浴室（也就是她剛才切水果的地方），只見吹風機下方有一灘柳橙汁，洗臉台裡散落著桃子的外皮與覆盆莓的種籽。我們帶著水果杯早早上路，希望能在幾個小時後抵達某個風景如畫的地方，好休息吃午餐。我們開著車子搖搖晃晃地往西邊駛去，即使時值九月，正午的高溫依然炙熱難耐。母親拿一張地圖摺成帽子遮陽，在另一張地圖上尋找適合吃午餐的地方——那個年代蘋果手機還沒問世。

「很快就到一座公園了，應該會在右手邊。」母親自稱「王牌導航員」，果然名不虛傳。過沒多久，洞穴湖州立公園（Cave Lake State Park）的標示牌映入眼簾。「喔！有一座湖泊！我感

覺精神都來了！靠邊停！」我轉進一條碎石路，車尾揚起一片沙塵。在我試圖往荒野深處開、遠離那條晚上將帶我們通往加州邊界的公路之際，乾枯的山艾樹與樹脂木餾油的土壤氣味瞬間灌進車裡。當母親看到一座深綠色的柳樹矮林與一片青翠的帶狀草地，我們不禁擔心自己是否離那座洞穴湖還遠得很。

「芬，那好像是一條河！停車！」她急忙翻找更詳細的內華達地圖，喜出望外地宣布我們到了斯特普托溪（Steptoe Creek）。

我慢慢開車跨越一片長滿黃色鼠尾草與紫薊的草叢，那些植物長得比身材嬌小的母親高了好幾個頭。我們搬出烹調用具，在柳樹蔭下的草堆擺設了起來，鋪上母親走到哪裡就帶到哪裡的亞麻桌巾充當野餐墊。她很快就決定午餐吃義大利麵——如果讓她決定，她通常都會選這項料理。我貿然涉水穿越湍流的小溪，拿煮蛋鍋舀滿水好煮麵條。母親將番茄與蒜頭切碎加進麵裡，再撕碎剩下還沒枯萎的巴西里葉作裝飾。我不確定是不是因為溪水純淨的關係（雖然我堅持煮滾殺菌後再用），但那餐是我到目前為止吃過數一數二美味的番茄義大利麵。

用純淨河水煮成的番茄義大利麵

這道義大利麵很適合番茄盛產季，這時候的番茄不需要去皮或搗壓，味道就很濃郁了。當然，不一定得用河水煮麵，但如果你到了有潺潺小溪的野外露營，手邊又剛好有鍋爐，不妨試試。我們使用的是蛋粉奶醬麵條，烹煮時間大約跟處理大蒜與番茄所需的時間差不多。等水煮

滾的同時，取幾瓣蒜頭切細末。番茄挖掉蒂頭後切碎。可以選用不同尺寸與品種的番茄，但務必切成一致的大小。旱地耕種的早熟女孩番茄或體型小一半的金黃櫻桃番茄等甜味的品種最合適。大平底鍋裡倒入一大口特級初榨橄欖油，放入蒜末，炒香後加入番茄、一大撮鹽與一小撮辣椒粉。另一個鍋子裝大量鹽水，放入麵條以小火滾煮，熟了之後用麵夾取出放到炒番茄的平底鍋裡。充分拌炒後試試味道，必要的話再加點鹽、醋或油，最後撒上撕碎的巴西里葉與帕馬森起司粉就完成了。

接下來的六個小時，我們高速往西行駛，穿越兩旁都是銀白沙漠的50號國道（Route 50），這條路有著一個憂鬱的綽號──「美國最寂寞的公路」。一路上，母親讀雷蒙德‧卡佛（Raymond Carver）的短篇小說《大教堂》（Cathedral）給我聽，偶爾停下來責罵我開得太快或抱怨坐骨神經痛讓她的一隻腳很不舒服，但這兩件事我們都沒打算解決，我照樣開我的，她也照樣抱怨她的。路途中，我們爭論了真皮與布面座椅哪一種比較好；為即將出版、但到現在還沒個譜的烹飪書《任何食物加了萊姆都美味》又加了至少十幾道新菜色；還討論了一個假設性的問題：如果一個媽媽和一個女兒不幸遇難，漂流到一個除了吃不完的雞蛋以外什麼食物都沒有的荒島（多少反映了我們當下的處境），應該怎麼辦才好。終於，我們看到了太浩湖（Lake Tahoe），一座面積廣闊、湖光瀲灩的盆地，坐落於加州邊界。

抵達太浩湖的南岸後，我們連忙物色適合野餐的地點。離日落大約只剩一個多小時，吹拂過湖面的勁風與剛才經過的寂靜荒

漠形成強烈對比。我與母親圍著爐子疊起一根根的黃松木擋風，好不容易才開火煮食。她先用搖曳欲熄的爐火煎炒了切片的甜椒、洋蔥與大蒜。在此同時，我用小刀費力地將不甚新鮮的乾硬麵包剩下的部分大致切成片狀，再交給她放到一鍋四散飛濺的熱油裡炸至金黃酥脆。接著，我們終於——終於！——拿煮蛋鍋來煮蛋了。雞蛋熟了之後，母親將它們倒到吐司上，並舀幾勺剛才炒軟的蔬菜鋪在最上面。我們吃著這道雞蛋普切塔，配上剩餘的番茄拌油醋做成的沙拉，看著最後一絲陽光沉入西邊的山脊。

　　我們心滿意足地上路，默默驅車開往柏克萊。就在午夜前，我們終於開進住家的車道，深深吸了一口氣，感受庭院的青草味。儘管母親剛開始還憂心忡忡，但我們做到了。我們回家了。

33

回家義大利麵

　　有幾樣東西——或者應該說是幾道料理——會讓我想起久別返家的感覺。最主要的一道當然是「回家義大利麵」。我們家每次到外地幾個星期後（那對一個小孩來說就像是永恆），回家時都會感覺整間屋子變得很陌生，需要立刻藉由食物讓自己重新適應。平心而論，我們不管到哪個地方、什麼時候、在哪個國家或哪一洲，都習慣靠食物找回熟悉感，但回到**家**也需要進行這項儀式的事實，說明了我們家獨有的虔誠。

　　我清晰地記得，結束一段漫長的旅程後回到柏克萊家的那種感覺。我們一個個走進前門，地板被行李箱壓得嘎吱作響，彷彿主人一段時間不在，它已經對我們與行李的重量感到陌生。整間屋子有一股陳腐與灰塵的味道，隨著年久的暖氣啟動後開始烘熱過去數週來空氣中積累的微粒，那種氣味越發強烈。我們似乎總在晚間返家，因此這些歸返（感覺這裡要來點荷馬作品中的用詞才對味）的回憶往往帶有漆黑的夜色或蒙上了一層暗紅色的夜

霧，宛如《奧德賽》描繪的大海。這種時刻，我們一向會開一瓶
酒小酌片刻——通常是紅酒，這樣在離家之前，就不必有人記得
要把它冰進冰箱。從地窖拿出的這瓶酒，或許可以馬上消解父
親與母親的口渴。他們其中一人（或鮑伯）會打開廚房的地板門
（一個我見怪不怪的建築設計，不過第一次來家裡的客人都會注
意到），走進充滿霉味的地窖拿酒——那兒存放了不計其數的藏
酒，至少我父親還住在家裡的時候都是如此。

　　沒有人打開行李。大家不發一語地進行一連串的動作：將一
壺水放到爐子上煮滾，點燃桌上竹籃裡剩下的一根迷迭香（這是
我們家的線香），點燃蠟燭，匆忙在櫥櫃抽屜裡翻找一袋義大利
麵（不管是開了或全新的都可）。他們通常會派我帶手電筒到庭
院裡摘一些香草，一般是巴西里葉，有時是奧勒岡葉——只有這
些種類的香草即使長時間沒人照料也能順利生長，如果結籽了味
道也不太會變。對母親而言，讓我摸黑到後院還有一個好處：她
可以趁這段時間迅速拿出冰箱裡的鹽漬鯷魚並將它們加到醬汁裡
（如果專屬於這道義大利麵的清淡調味也可稱作**醬汁**的話）。我
對加了鯷魚的料理避之唯恐不及；但只要它們與菜餚融為一體、
調味料能有效掩蓋那種臭味，我便就能安心享用。除此之外，母
親還翻找出一些食材：幾個硬實的蒜瓣切末，放入她最愛的晶亮
藍黑色鑄鐵鍋裡倒油煎炒，並加入些許切碎的辣椒。整間屋子的
氣味開始變得不一樣了。

　　冰箱裡有一小片放了很久的帕馬森起司，上頭布滿白色霉

斑，但是沒壞。只要磨碎並配上其他味道強烈的大蒜、辣椒、香草與鯷魚，甚至再加些切碎的鹽漬刺山柑（氣味令人愉悅地濃烈）就能吃了，甚至稱得上美味。將這些調味料跟麵條拌在一起，最後撒上海鹽與黑胡椒並豪邁地倒一口橄欖油，「回家義大利麵」就完成了。吃這道料理時，我們大家沒怎麼交談。夜深了，放音樂顯得有點不必要；經過無數個小時在交通工具上的相處，此刻也沒什麼話好說。於是，我們一邊拿叉子轉著沒裹什麼醬汁的麵條，一邊靜靜享用，心裡想著「我們做到了」——回到溫暖的家，再次坐在餐桌前吃著熟悉的食物。

　　在我敘述的做法以外，「回家義大利麵」幾乎不需要其他調理——有很大的空間可以自由發揮，手邊有什麼就加什麼。凱文・「老兄」・特爾林是我視為猶太教父的男人（儘管我意識到這在用詞上是互相矛盾的），而他摯愛的妻子愛莉絲・特爾林（Alice Trillin）曾在《芬妮專屬的大學生存烹飪書》——也就是我父母與鮑伯送給我的高中畢業禮物——中為我寫了一道跟「回家義大利麵」幾乎一模一樣的食譜，名為「寂寞少女義大利麵」。愛莉絲在寫這道食譜的那一年去世了，每次我讀到食譜中循循善誘而實用的做法與平價的食材，總感到悲痛萬分。雖然如此，要做她的食譜，我認為冰箱裡至少要有一顆甜椒或花椰菜，而且必須夠新鮮才值得烹調。我們家可不是如此，因為母親看到甜椒或花椰菜往往會皺起眉頭（這兩樣食材應該讓她想起了年輕時吃到的淡味蔬菜罐頭），另一個原因則是她近乎偏執地會在我

們出門前將冰箱清得一乾二淨。我與她親近的朋友們都開玩笑地說，她最討厭的事就是冰箱滿到不行。

　　儘管食材極少、做法簡易，但這其實是一道美味的義大利麵。這種歷久不衰的料理有著悅耳的名稱，無論翻成何種語言都不複雜，像是「起司與胡椒」（cacio e pepe）、「大蒜、油與辣椒」（aglio, olio, e peperoncino）及「番茄」（al pomodoro）。發明這些料理的義大利人充分體現了一種精神：最美味的料理往往是最簡單的。

　　你一回到家，就可以開始煮水了。在你還沒恢復清醒狀態或準備其他食材之前，水可能就滾了，但一壺熱開水能夠改變整個屋內的氛圍，注入一種家的感覺。在滾水裡加入大量鹽巴，挖出櫥櫃裡任何剩下的義大利麵條。如果不只一個人要吃，而家裡又很不巧地幾種麵條都各剩一點，那就分別下鍋煮熟。（千萬不要像我一樣經常用一鍋水煮各種形狀的麵條；如此肯定會釀成麵條不夠熟或太軟的災難。）煮好後，我並不介意將不同形狀的麵條混在一起吃，雖然這麼做對義大利麵而言無疑是某種褻瀆──只要不要太離譜就好，譬如盤子裡同時出現螺旋麵與寬麵。

　　大蒜是僅次於麵條的重要食材。的確，大蒜可以用切丁的洋蔥（次要的蔥蒜類）取代、加橄欖油下鍋炒軟，但大蒜是我覺得最能讓人回歸自我的味道，激起一段旅行過後需要重拾的歸屬感。儘管如此，如果你手邊有的蒜瓣剝皮後非常堅實而有光澤，而且切開後辛香新鮮、完全沒有粉濁或腐臭味，那就只加大蒜即

可。蒜頭切末（越多越好），在厚平底鍋中倒入一大口橄欖油煎炒。蒜頭散發香味時，愛吃辣的話可加幾撮辣椒粉，接著加入幾塊鯷魚片（我吃過最美味的是優質的西班牙油漬鯷魚——跟「回家義大利麵」裡的鯷魚有得比）。在這個步驟也可加入一些切碎的刺山柑，但如果是鹽漬的，記得先用清水洗淨。準備其他食材的同時，小心不要讓鍋裡的蒜頭燒焦，假如你察覺到這種跡象，立刻關火。

　　煮好的義大利麵應該略帶嚼勁，原因有二，一是麵條的彈性可在某種程度上彌補其他食材的份量，二是你結束旅程回到家時肚子想必餓得很，應該會急著將麵條夾出來馬上享用，這點值得警惕。麵條夾出後直接放入平底鍋中，覺得太乾的話就倒一點煮麵水。加入大量帕馬森起司粉，如果家裡院子或窗台種有新鮮的香草，可以加些切碎的巴西里葉。視味道再加一點橄欖油、一顆檸檬擠汁、一撮鹽或少許胡椒粉。每次調好味後，母親都會用法文大喊一聲「上桌！」（À table!），彷彿除了自己的孩子之外，也在召喚左鄰右舍過來一同享用。我們家的食物一向都夠，不怕多一張嘴來分。

致謝

　　如果沒有眾多親朋好友的支持與指引，我不可能寫成這本書。首先最重要的，我要感謝布莉姬‧拉孔伯（Brigitte Lacombe）願意與我一起進行這個非正統的案子，還有拍攝我接下來的日子會好好珍藏的許多照片。我也要謝謝各界人士付出的努力、給予我愛和關懷、願意花時間試閱本書、在編輯方面下的功夫、對我的熱情招待及不吝提供寶貴的反饋：克里絲汀娜‧　勒（Cristina Mueller）、莎曼莎‧格林伍德（Samantha Greenwood）、潔西卡‧沃什伯恩（Jessica Washburn）、彼得‧蓋澤斯（Peter Gethers）、史蒂芬‧辛格、鮑伯‧卡勞、東尼‧奧特朗蒂（Tony Oltranti）、蘇‧墨菲（Sue Murphy）、露露‧佩羅與勞倫斯‧佩羅（Laurence Peyraud）、馬汀‧拉布羅（Martine Labro）、克勞德‧拉布羅（Claude Labro）及卡蜜兒‧拉布羅（Camille Labro）、蘇西‧布爾（Susie Buell）與馬克‧布爾（Mark Buell）、巴德‧特爾林（Bud Trillin）、安德魯‧歐文（Andrew Owen）、弗里茲‧海格（Fritz Haeg）、希爾頓‧艾爾斯（Hilton Als）、克萊兒‧塔克、莎拉‧費爾丁（Sarah

Fielding)、葛瑞塔‧卡魯索（Greta Caruso）、茉莉‧阿騰堡
（Molly Altenburg）、尼露佛‧伊卡波里亞‧金、尼可‧蒙戴、大
衛‧坦尼斯、藍道‧布萊斯基、瑪莉‧喬‧托勒森、佩姬‧艾倫
特（Peggy Arent）、瑪麗亞‧尼爾森（Mariah Nielson）、蘿倫‧
阿爾蒂斯（Lauren Ardis）、湯姆‧史密特、凱莉‧史都華（Kari
Stuart），當然，還有帕尼絲之家。

Always Home
Text Copyright © 2020 by Fanny Singer
Photographs Copyright © 2017 by Lacombe Inc.
Photographs by Brigitte Lacombe
Complex Chinese translation copyright © 2022 by
Rye Field Publications, a division of Cité Publishing Ltd.
All rights reserved.

國家圖書館出版品預行編目資料

家的永恆滋味：食物與愛的美味實踐，慢食教母
給女兒的人生MENU／芬妮·辛格（Fanny Singer）
著；張馨方譯. -- 初版. -- 臺北市：麥田出版：英
屬蓋曼群島商家庭傳媒股份有限公司城邦分公司
發行, 2022.02
　面；　公分
譯自：Always home : a daughter's recipes & stories
ISBN 978-626-310-175-3（平裝）

1. CST: 烹飪　2. CST: 食譜

427.1　　　　　　　　　　　　　　　110021822

RL4110

家的永恆滋味
食物與愛的美味實踐，慢食教母給女兒的人生MENU
Always Home: A Daughter's Recipes & Stories

作　　　　者／芬妮 辛格（Fanny Singer）
攝　　　　影／布莉姬·拉孔柏（Brigitte Lacombe）
譯　　　　者／張馨方
主　　　　編／林怡君

國 際 版 權／吳玲緯
行　　　　銷／何維民　吳宇軒　林欣平　陳欣岑
業　　　　務／李再星　陳紫晴　陳美燕　葉晉源
編 輯 總 監／劉麗真
總 經 理／陳逸瑛
發 行 人／涂玉雲
出　　　　版／麥田出版
　　　　　　　10483臺北市民生東路二段141號5樓
　　　　　　　電話：(886)2-2500-7696　傳真：(886)2-2500-1967
發　　　　行／英屬蓋曼群島商家庭傳媒股份有限公司城邦分公司
　　　　　　　10483臺北市民生東路二段141號11樓
　　　　　　　客服服務專線：(886) 2-2500-7718、2500-7719
　　　　　　　24小時傳真服務：(886) 2-2500-1990、2500-1991
　　　　　　　服務時間：週一至週五09:30-12:00、13:30-17:00
　　　　　　　郵撥帳號：19863813　戶名：書虫股份有限公司
　　　　　　　讀者服務信箱E-mail：service@readingclub.com.tw
麥 田 網 址／https://www.facebook.com/RyeField.Cite/
香港發行所／城邦（香港）出版集團有限公司
　　　　　　　香港灣仔駱克道193號東超商業中心1/F
　　　　　　　電話：(852)2508-6231　傳真：(852)2578-9337
馬新發行所／城邦（馬新）出版集團Cite (M) Sdn Bhd.
　　　　　　　41-3, Jalan Radin Anum, Bandar Baru Sri Petaling, 57000 Kuala Lumpur, Malaysia.
　　　　　　　電話：(603)9056-3833　傳真：(603)9057-6622
　　　　　　　讀者服務信箱：services@cite.my

封 面 設 計／兒日設計
印　　　　刷／前進彩藝有限公司

■2022年3月1日　初版一刷
■2022年7月7日　初版二刷

Printed in Taiwan.

定價：450元
著作權所有·翻印必究
ISBN 978-626-310-175-3

城邦讀書花園
www.cite.com.tw
書店網址：www.cite.com.tw

| 廣　告　回　函 |
| 北區郵政管理局登記證 |
| 台北廣字第000791號 |
| 免　貼　郵　票 |

Rye Field Publications
A division of Cité Publishing Ltd.

英屬蓋曼群島商
家庭傳媒股份有限公司城邦分公司
104　台北市民生東路二段 141 號 5 樓

▼

請沿虛線折下裝訂，謝謝！

文學・歷史・人文・軍事・生活

Rye Field Publications

書號：RL4110　　　書名：家的永恆滋味

讀者回函卡

cite城邦媒體

姓名：＿＿＿＿＿＿＿＿＿＿＿　　聯絡電話：＿＿＿＿＿＿＿＿

聯絡地址：□□□□□＿＿＿＿＿＿＿＿＿＿＿＿

電子信箱：＿＿＿＿＿＿＿＿＿＿＿＿＿＿＿

身分證字號：＿＿＿＿＿＿＿＿＿＿＿＿＿＿（此即您的讀者編號）

生日：＿＿年＿＿月＿＿日　**性別：**□男　□女　□其他＿＿

職業：□軍警　□公教　□學生　□傳播業　□製造業　□金融業　□資訊業　□銷售業
　　　□其他

教育程度：□碩士及以上　□大學　□專科　□高中　□國中及以下

購買方式：□書店　□郵購　□其他＿＿＿＿＿＿＿＿＿

喜歡閱讀的種類：（可複選）

□文學　□商業　□軍事　□歷史　□旅遊　□藝術　□科學　□推理　□傳記　□生活、勵志
□教育、心理　□其他＿＿＿＿＿＿＿＿＿

您從何處得知本書的消息？（可複選）

□書店　□報章雜誌　□網路　□廣播　□電視　□書訊　□親友　□其他＿＿＿＿＿

本書優點：（可複選）

□內容符合期待　□文筆流暢　□具實用性　□版面、圖片、字體安排適當
□其他＿＿＿＿＿＿＿＿＿

本書缺點：（可複選）

□內容不符合期待　□文筆欠佳　□內容保守　□版面、圖片、字體安排不易閱讀　□價格偏高
□其他＿＿＿＿＿＿＿＿＿

您對我們的建議：＿＿＿＿＿＿＿＿＿＿＿＿＿＿＿

＿＿＿＿＿＿＿＿＿＿＿＿＿＿＿＿＿＿＿＿＿＿